LA VIDA ES FÍSICA

LA VIDA ES FÍSICA

DESDE LOS ÁTOMOS HASTA LOS AGUJEROS NEGROS

ALBA MORENO

Planeta

Diseño e ilustraciones de interiores: © Mauricio Restrepo
Imágenes de interiores: © Shutterstock

Iconografía: DAU, Grupo Planeta

Av. Diagonal, 662-664, 08034 Barcelona (España)
www.editorialplaneta.es
www.planetadelibros.com

Primera edición: marzo de 2025
Depósito legal: B. 2.992-2025
ISBN: 978-84-08-29955-4
Preimpresión: J. A. Diseño Editorial, S. L.
Impresión y encuadernación: Gohegraf
Printed in Spain - Impreso en España

PEFC Certificado
Este libro procede de bosques gestionados de forma sostenible
PEFC
PEFC/14-38-00305
www.pefc.es

Índice

γ

TERCERA PARTE

LO QUE NO PUEDES LLEGAR A VER

Introducción

Un sueño. Un sueño cumplido a partir de uno realizado. Cuando empecé con la idea de plasmar mis conocimientos en física en este libro recuerdo estar muy ilusionada, tanto que soñé con ello.

Este proceso de ver o imaginar en sueños no es nuevo para mí, podría decirte que me pasa muy a menudo: me voy a dormir pensando en un problema que no he podido resolver y sueño cuál era la variable que me faltaba añadir; hay una parte teórica que me intriga, ya que no consigo entenderla y sueño con la explicación; intento pensar en cómo empezar a redactar mi libro y, sorprendentemente, también se cumple el proceso, sueño con una palabra que se repite a lo largo de toda la noche: *átomo.*

La física es un campo tremendamente amplio y extenso, tanto que es prácticamente imposible ser especialista de todas sus áreas al mismo tiempo. Pero hay algo que no se puede negar, y es que, aparte de ser fascinante, está en todos lados. Te persigue donde quiera que vayas.

Desde lo más pequeño hasta lo más grande, desde lo que no puedes ver hasta lo que jamás podrías llegar a ver, desde los átomos hasta los confines del universo.

Mi primera ilusión en este campo se remonta a cuando tenía unos cinco años aproximadamente. Mirar al cielo, ver muchos puntos brillantes, sentir una ilusión tremenda y empezar a hacerme preguntas.

Pasaba el tiempo y mi fascinación por el cielo crecía más y más, hasta el punto de trasladarla al colegio, tanto a quienes me rodeaban en el aula como al profesorado. Gracias a un profesor, que era muy aficionado al cosmos, conseguí que se realizara una actividad extraescolar de observación con su propio telescopio. Esa fue la primera vez que vi la Luna y Saturno.

Poco después, se desarrollaron unas situaciones en mi vida que hicieron de la física mi refugio, mi zona de confort, mi mecanismo de evasión. Fue justo entonces cuando me di cuenta de la importancia que tenía para mí seguir formándome y aprendiendo, ser consciente de que ese era mi sueño y no me quedaba otra que cumplirlo.

En el entorno estudiantil, nunca fui buena alumna. Me centraba en las asignaturas que más me gustaban y aprendía como y cuando me apetecía. Es, sin duda, de algo de lo que me arrepiento. De haberme esforzado en mis estudios previos a la universidad, conseguir una plaza en la carrera de mis sueños no habría sido tan difícil.

Gracias a mi visión clara de futuro, me hice una coraza para ignorar todo lo que en aquellos tiempos me impedía entrar en la universidad, como los comentarios de desprecio e incluso los altos costes económicos.

Ahora miro hacia atrás y veo todo el esfuerzo que le he dedicado a conseguir mi sueño, aunque por aquel entonces no sentía que fuese suficiente, y es, como mínimo, emocionante.

Mi etapa como divulgadora empezó sin ser buscada. Siempre he trabajado dando clases particulares; la docencia era algo que me encantaba, poder conectar con las personas mediante conocimientos.

Dado a que, como cualquier adolescente, usaba continuamente las redes sociales, me planteé subir vídeos explicando física con el fin de poder conocer a personas con los mismos intereses y compartir experiencias o, lo más sencillo, intercambiar libros para seguir aprendiendo.

Así justo fue como empecé en la divulgación, sin tener ni idea de grabar, editar o cualquier cosa relacionada. Siendo constante y fiel a lo que me gustaba y a mi propio estilo.

Jamás me imaginé ser tan aceptada ni que a tantas personas de mi edad les pudiese llegar a interesar la física. Un sueño. Es por eso que, en esta introducción, quiero agradecerte enormemente a ti, que estás leyendo este libro que he escrito con todo mi amor, por apoyarme y por interesarte por aprender y hacerte preguntas.

PRIMERA PARTE

Lo que no puedes ver

α

«La ciencia es, a menudo,
más extraña que la ficción».

JOCELYN BELL BURNELL

CAPÍTULO 1

Historia del átomo

El átomo (del griego *ἄτομον*, 'que no se puede cortar', 'indivisible') toma forma entre los siglos V y IV a. C.

Leucipo y Demócrito, dos filósofos de aquella época pertenecientes a la escuela atomista de la Antigua Grecia, decidieron centrarse en el estudio de la «indivisibilidad» de la materia. Así es como nace la primera teoría[1] atómica, aunque poco faltó para que esta obra quedase en el olvido.

Demócrito era una persona sumamente inquieta que viajó por todo el mundo en busca de sabiduría: Egipto, Etiopía, Mesopotamia..., consiguiendo ser uno de los filósofos más brillantes de la época (ganó hasta cinco certámenes filosóficos). Pero también fue uno de los más ignorados. De

1 Una teoría es una explicación amplia de fenómenos naturales a partir de hipótesis y leyes.

hecho, platón *detestaba* tanto a Demócrito que quería que todos sus escritos fuesen quemados, algo que Amiclas y Clitias impidieron, pues alegaron que era inútil: sus escritos ya habían llegado muy lejos.

Agradeciendo que los conocimientos adquiridos por ambos filósofos trascendieran la historia, sigamos con su teoría. De forma ideal, los átomos son partículas indestructibles y sin cualidades propias que, al unirse entre sí en el vacío, forman todo lo que ves a tu alrededor. El átomo es la unidad más fundamental que existe, a partir de la cual no puedes seguir dividiendo. O eso pensaban Leucipo y Demócrito.

Un evento importante para nuestra comprensión de la teoría atómica es la enunciación de la ley de conservación de la masa (o ley de conservación de la materia), demostrada por Antoine Lavoisier en 1785. Químico, biólogo y economista francés, es considerado «el padre de la química moderna» y tiene un cráter en la Luna nombrado en su honor: el cráter Lavoisier, situado cerca de la extremidad noroeste de nuestro satélite.

La ley de conservación de la masa establece que la masa de los elementos químicos al principio de una reacción (es decir, los *reactivos*) es igual a la masa de los elementos químicos al final de esa misma reacción (los *productos*), llegando así a la temprana conclusión de que la masa total de una reacción se mantiene constante. En otras palabras: la masa no se crea ni se destruye en los procesos químicos.

Gracias a la influencia de las históricas ideas de Leucipo y Demócrito y del descubrimiento de Lavoisier, entre 1803 y 1808, John Dalton, científico especializado en química, matemáticas y meteorología, (también tiene un cráter lunar, está situado cerca de la extremidad occidental de la cara visible de la Luna) decide publicar su propia teoría atómica, esta vez, con base científica:[2]

1. Toda la materia está compuesta por pequeñas unidades indivisibles e indestructibles llamadas «átomos».
2. Los átomos no se crean ni se destruyen en las reacciones químicas.
3. Los átomos de un mismo elemento son exactamente iguales entre sí: tienen la misma masa y propiedades, mientras que los átomos de elementos distintos difieren. Por ejemplo, todos los átomos de helio son iguales, pero, si los comparas con los de carbono, diferirán en masa y propiedades.
4. La unión de átomos de diferentes elementos crea compuestos químicos. Por ejemplo, veamos el caso de lo que

2 Hace referencia a la distinción entre la teoría atómica de Dalton y la de Leucipo y Demócrito. Mientras que estos últimos se basaron en una idea respaldada por la comunidad científica (es decir, una hipótesis), Dalton recurrió a experimentos y observaciones para apoyar su idea, que más tarde también fue aprobada por esa comunidad científica.

nos mantiene vivos: dos átomos de hidrógeno y uno de oxígeno se combinan para dar agua, y lo hacen guardando relaciones numéricas simples (nada de fracciones). En el caso del agua, la relación es 2 a 1 (por cada dos átomos de hidrógeno, se necesita un átomo de oxígeno).

Este modelo de Lavoisier fue aceptado durante décadas; tanto es así que dio pie a la elaboración de la primera tabla periódica. Fue obra de Dmitri Mendeléyev, un químico ruso que, en 1869, ordenó todos los elementos que se conocían. Fue el primero en organizarlos en columnas, concretamente en ocho llamadas «familias», que hacían referencia a elementos con propiedades similares. Aun no siendo una tabla periódica completa, ya que contenía entre sesenta y setenta elementos, Mendeléyev fue considerado todo un genio, puesto que predijo los elementos que estaban aún por descubrirse y dejó sus correspondientes casillas en blanco. Finalmente, el modelo que hace que nuestros estudios sean algo más *livianos* corresponde a la tabla periódica actual,[3] elaborada en 1913 por Henry Moseley, quien partía de la gran base comentada anteriormente.

Volvamos a Dalton. Parecía estar en lo cierto, sí, pero algo no funcionaba. Había fallas en su teoría, pero no tardaron mucho en ser resueltas: lo hizo el físico inglés y premio nobel de física J. J. Thomson en 1897.

---

3 Formada por ciento dieciocho elementos, distribuidos en dieciocho columnas verticales (grupos) y siete filas horizontales (periodos). Los elementos se encuentran ordenados por su número atómico (esto es, el número total de protones que tiene cada átomo), de menor a mayor.

Dos aspectos fueron tratados y corroborados por Thomson a raíz de su experimento con tubos de rayos catódicos.[4] En primer lugar, dedujo que los rayos catódicos eran esencialmente algo de carga negativa que parecía salir de los átomos que ahí se encontraban, es decir, el desvío de los rayos implica el desvío de ese *algo* negativo y viceversa. Esto indicaba que dichos rayos estaban compuestos por partículas cargadas negativamente: de lo contrario, nada de eso hubiese pasado.

En segundo lugar, fue capaz de calcular la relación entre carga y masa a partir de campos eléctricos y magnéticos, así como el radio de curvatura de las trayectorias.

Analizando la desviación que sufrían en sus trayectorias, y haciendo paralelamente numerosos cambios en los materiales, encontró que la relación entre la masa y la carga de las partículas pertenecientes a los rayos catódicos era un valor constante y no dependía de ninguna variable externa. De esta forma, quedaba claro que las cargas negativas que se hacían notar en el experimento formaban parte de los átomos y, por tanto, de todo lo que nos rodea. El átomo había dejado de ser indivisible: estaba compuesto por electrones.

Aquí es donde comienza el gran recorrido por las posibles estructuras atómicas que nos ha llevado a la actual.

4 Corrientes de electrones en tubos de vacío equipados con dos electrodos: un cátodo y un ánodo.

«Pudín de pasas» es como se conocía el modelo estructural atómico que planteó J. J. Thomson y que fue presentado siete años después de que el físico descubriera la existencia de cargas negativas en los átomos, los electrones.

El modelo es muy sencillo de imaginar: debe haber una esfera positiva que contenga a las cargas negativas de manera uniforme, para que así las cargas se equilibren y den un resultado neutro. Además, establece que las cargas positivas y las negativas tienen la misma magnitud.

Limitaciones del pudín de pasas

—No se podía explicar cómo se mantenía la carga en los electrones dentro del átomo.

—Tampoco pudo esclarecer la estabilidad de los núcleos atómicos.

A comienzos del siglo XX, Gilbert Newton Lewis, fisicoquímico estadounidense, elabora la llamada «estructura de Lewis» o «diagrama de punto». Lo hace al avanzar en el estudio de las valencias atómicas[5] y los enlaces químicos, sobre todo gracias a la ampliación del trabajo por parte de Irving Langmuir en 1919, quien planteó el modelo de átomo del octeto cúbico:

5 Número de electrones que le faltan o le sobran a un elemento químico para poder completar su último nivel de energía. Estos electrones son los que mandan en una reacción química o a la hora de establecer enlaces.

El átomo es cúbico y los electrones se ubican en los vértices, para así poder formar pares de unión con otro/s átomo/s.

Si has estudiado ciencia en el instituto seguramente te suene que, para entender y representar los enlaces covalentes, hacemos uso de unos diagramas (o estructuras de Lewis) que representan mediante puntos los electrones libres (·) y guiones (-) los pares de electrones que forman un enlace covalente. Esta bonita representación se usa para saber la cantidad de electrones de valencia que existen en los elementos a la hora de interactuar, y así formar enlaces simples, dobles o triples.

Volviendo a la idea de los cubos, los electrones presentes en los vértices se pueden compartir. De esta forma, los enlaces iónicos se forman por la transferencia de un electrón de un cubo a otro, sin compartir arista.

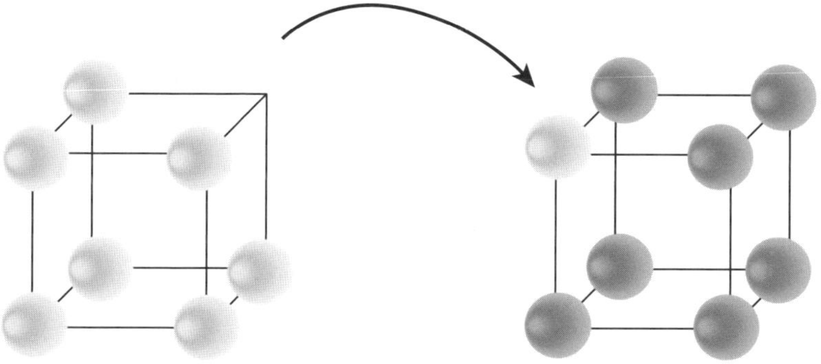

Los enlaces covalentes suceden cuando los cubos comparten toda una arista (dos electrones en común).

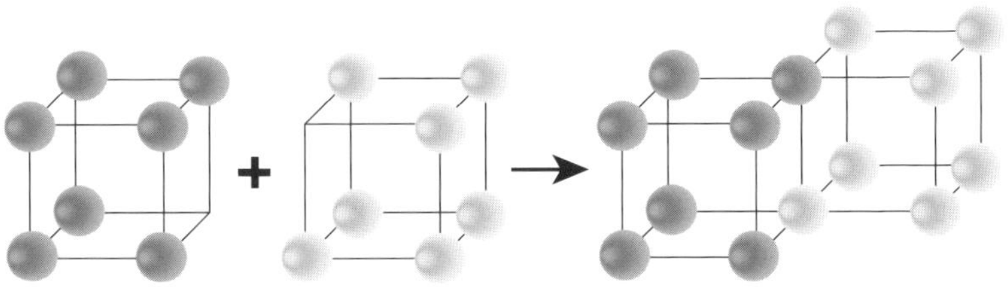

Los enlaces dobles se forman cuando dos cubos comparten una cara entera (cuatro electrones en común).

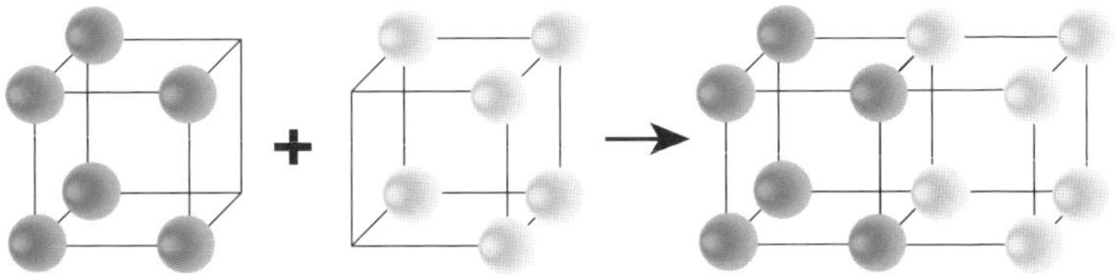

Hay que destacar que este fue el primer estudio que relacionaba las propiedades atómicas con la tabla periódica. A medida que se avanza en los periodos de la tabla (las filas horizontales), se agrega un electrón a uno de los vértices.

Limitaciones del modelo del octeto cúbico

La principal falla de esta teoría —a pesar de ser muy contundente— es que los enlaces triples no pueden ser interpretados mediante la idea de átomos cúbicos, porque no hay forma de que dos cubos compartan seis esquinas.

Seguimos con la historia remontándonos ahora a 1911, cuando el químico y físico britaniconeozelandés llamado Ernest Rutherford presenta los resultados de su «experimento de la lámina de oro», que dirigió en los laboratorios de física de la Universidad de Mánchester.

Siendo Rutherford conocido por dedicar su vida al estudio de las partículas radiactivas, en 1899 descubre que algunas sustancias radiactivas, como el uranio[6] y el radio,[7] podían emitir de forma natural partículas alfa. Este fue el detonante para empezar a plantear el experimento con el que cambió la concepción que había hasta entonces sobre la estructura del átomo.

Las partículas alfa son partículas formadas por dos protones y dos neutrones (idénticas a los núcleos de helio). Al no tener electrones, su carga eléctrica es positiva.

---

6 Elemento químico metálico de la serie de los actínidos, con número atómico 92 y símbolo U.

7 Elemento químico de la serie de los alcalinotérreos, con número atómico 88 y símbolo Ra.

Ahora sí. El experimento de la lámina de oro consistió en bombardear una fina lámina de ese metal precioso con un haz de partículas alfa para, posteriormente, registrar en una pantalla de fósforo los destellos radiactivos que ocasionaban las partículas pertenecientes al haz.

Según el modelo atómico aceptado en el momento (el de J. J. Thomson) las partículas alfa deberían atravesar la lámina de oro sin desviarse, pues, aunque se encontraban en el *pudín* que tenía carga positiva, y por tanto eran ligeramente repelidas, se pensaba que la densidad de carga positiva (distribuida en todo el átomo) era tan baja que la desviación sería casi imperceptible.

Sin embargo, los resultados no tuvieron nada que ver con eso: aunque, como se esperaba, la mayoría de las partículas alfa atravesaron la lámina y no se dispersaron, y otras pocas lo hicieron ligeramente, lo sorprendente fue que un número de ellas se dispersó por completo. Para que puedas visualizar lo sorprendente que fue esto último, imagina disparar a una nube y que la bala rebote y vuelva hacia a ti.

Las conclusiones fueron claras: los átomos debían de tener una parte en la que se condensaba toda la carga positiva, el núcleo, siendo este muy pequeño y concentrando la mayor parte de la masa. Además, puesto que solo un número mínimo de partículas alfa fueron dispersadas o repelidas por completo, se pudo concluir que la materia está vacía en su mayoría.

Por otro lado, concluyó que los electrones debían de orbitar alrededor del núcleo y a una distancia considerable, ya que, de lo contrario, las partículas alfa no se habrían dispersado.

Con todos estos resultados, Rutherford presenta su modelo atómico, que funciona como un sistema solar: los electrones giran alrededor de un núcleo atómico más pesado, igual que lo hacen los planetas alrededor del Sol.

Limitaciones del modelo de Rutherford

— Asume que el núcleo está formado por cargas enteramente positivas, por lo que el modelo es inconsistente, al no explicar por qué el núcleo se mantiene unido (ya que las cargas de igual signo se repelen).
— No explica la estabilidad del átomo: los electrones orbitando alrededor del núcleo, al ser una carga acelerada, deberían perder energía y colapsar en él.

Fue no mucho más tarde, en 1913, cuando el físico danés Niels Bohr desarrolla un nuevo modelo estructural del átomo, mostrando un significativo avance respecto a los modelos anteriores, ya que sentó las bases para el desarrollo de la física cuántica (en la que nos adentraremos en el siguiente capítulo).

Basado en la propuesta de Rutherford, el átomo de Bohr consiste en un núcleo pequeño y denso de carga positiva, alrededor del cual los electrones se mueven en órbitas específicas circulares. Todo el desarrollo del estudio se centraba en el átomo más simple, el de hidrógeno.

Incorporando los conocimientos del efecto fotoeléctrico de la luz,[8] descubierto por Albert Einstein en 1905, Bohr

8 Emisión de electrones por un material cuando sobre él incide una radiación electromagnética. Einstein fue galardonado con el Premio Nobel de Física en 1922 por este descubrimiento y no por la teoría de la relatividad (por la que es más conocido).

establece que los electrones solo pueden orbitar alrededor del núcleo en ciertos niveles (órbitas) de energía permitidos. La energía está cuantizada.

La cuantización de la energía es como coger un ascensor. Imagina que eres un electrón: una vez entras, solo puedes ir a los pisos disponibles en el edificio. Hay piso 1, 2 o 3, pero no piso 1,3; 2,7 o 3,9. De esta forma, los niveles en los que se encuentran los electrones son fijos y discretos,[9] y los electrones no se pueden encontrar en estados intermedios.

Otra parte importante de este modelo es la emisión de energía y las transiciones electrónicas.[10] Un electrón perteneciente a un átomo puede saltar de un nivel de energía a otro. Piensa en un electrón que salta de un nivel de energía superior (pongamos, energía 3) a uno de energía inferior (por ejemplo, energía 2). Esa diferencia de energía, igual a 1, es emitida al exterior en forma de fotón. Esto explicaría algo que los anteriores modelos no pudieron hacer: los átomos emiten luz en ciertas longitudes de onda,[11] algo que podemos observar mediante los espectros de emisión.

Por último, los electrones, cuando están en sus órbitas permitidas, no irradian energía. Esto explicaría por qué no caen al núcleo, que era la gran limitación del modelo de Rutherford.

---

9 Es decir, solo toma valores de energía enteros.

10 Movimiento de un electrón de un estado energético a otro (cambio de órbita).

11 Característica clave para describir una onda electromagnética: distancia entre dos puntos a partir de los cuales la onda se repite.

Limitaciones del modelo de Bohr

— El modelo funcionaba muy bien para el átomo de hidrógeno, pero no era eficaz para átomos que tuvieran más de un electrón.
— Asume, sin una base teórica sólida, que las órbitas que describen los electrones son circulares.
— No explica adecuadamente la formación de los enlaces químicos existentes en las moléculas.

Antes de continuar, es necesario comentar el evento que revolucionó la física de partículas en 1932: el descubrimiento del neutrón por James Chadwick, que terminó desarrollando su carrera en el campo de la física nuclear y la bomba atómica.

Como antecesor al modelo actual, en 1926, el físico alemán Erwin Schrödinger propone el primer modelo atómico cuántico no relativista a partir de los estudios de Bohr, Luis de Broglie y Arnold Sommerfeld.

Bohr, como ya sabemos, establece un átomo en el que los electrones rodean al núcleo en órbitas definidas, debido a la cuantización de la energía.

En 1924, de Broglie establece una hipótesis en la que confirma que toda la materia, más bien, todo objeto cuántico,[12] presenta características tanto ondulatorias como corpusculares, comportándose de una forma u otra dependiendo del experimento al que se la someta. Lo que viene a ser la dualidad onda-partícula, de la que seguro que has escuchado alguna vez.

Sommerfeld, en cambio, elabora un modelo atómico relativista basado en los postulados de Einstein. Considera la posibilidad de que los electrones de ciertos átomos pueden alcanzar velocidades cercanas a la de la luz, por lo que, realizando los cálculos relativistas, establece varias diferencias con respecto al átomo de Rutherford-Bohr. Así concluye que los electrones pueden describir alrededor del núcleo órbitas no solo circulares, sino también elípticas. También concluye que, a partir del segundo nivel energético, existen dentro de un mismo nivel uno o más subniveles con energías un poco distintas. Por último, descubre que los electrones poseen corrientes eléctricas minúsculas.

---

12 Sistema físico que sigue las reglas de la física cuántica. A diferencia de los cuerpos en la física clásica, los cuánticos pueden comportarse de distintas maneras, como, por ejemplo: superposición, entrelazamiento cuántico, dualidad onda-partícula...

Partiendo de esa gran base (las investigaciones de Broglie y Sommerfeld), Schrödinger entiende los electrones como ondulaciones de la materia que se mueven alrededor del núcleo en forma de ondas estacionarias debido a la dualidad onda-partícula. Una **onda estacionaria** es una perturbación oscilatoria en la que ciertos puntos (llamados «nodos») se mantienen inmóviles y se forman por la interferencia (o suma) de dos ondas de igual longitud, frecuencia y amplitud que avanzan en sentido opuesto. Un ejemplo claro son los instrumentos de cuerda, como la guitarra. Si alguna vez has tocado este instrumento, sabrás que produce únicamente ciertos tonos, es decir, hay frecuencias no permitidas (y menos mal, porque si no el sonido no sería muy bueno): existe el primer armónico, el segundo armónico…, pero nada de armónicos intermedios. ¿Te recuerda esto a algo? Exacto, ¡al comportamiento de los electrones!

Como había que describir este novedoso comportamiento, el científico Schrödinger presenta una función para definir a estas ondas: función de onda (Y), que describe la probabilidad de encontrar a una partícula en el espacio. Debido al principio de incertidumbre de Werner Heisenberg, no se puede determinar, al mismo tiempo y con exactitud, la cantidad de movimiento y la posición de una partícula,[13] pero sí de forma separada. Esto nos hace olvidarnos de nuestro entendimiento determinista para comenzar a pensar de una forma probabilística.

---

13 Cuando un par de magnitudes físicas no se pueden conocer de forma precisa al mismo tiempo se dice que estas son cantidades o variables *complementarias*. Esto sucede, en esencia, porque la medición de una de estas cantidades implica necesariamente la alteración de la otra.

Si destacamos los puntos clave de esta teoría compacta, tenemos que los electrones se comportan esencialmente como ondas estacionarias y no tienen una posición fija o definida en el contexto atómico. Además, aparece el concepto «orbital», que define las áreas de probabilidad de encontrarte un electrón, y tiene distintos niveles y subniveles energéticos.

Limitaciones del modelo de Schrödinger

— Al ser un modelo cuántico no relativista, no explica los efectos relacionados con la relatividad especial en electrones que se mueven a velocidades cercanas a las de la luz.
— No tiene en cuenta el número cuántico del espín.
— No contempla la estabilidad del núcleo, solo explica la mecánica cuántica asociada al movimiento de los electrones dentro del átomo.

Casi simultáneamente al modelo de Schrödinger, en 1925, Wolfgang Ernst Pauli, físico teórico austriaco, publica el principio de exclusión de Pauli, mediante el cual dos electrones pertenecientes a un átomo no pueden tener idénticos números cuánticos. Hay que aclarar que esto no solo se aplica a los electrones, sino a todo su grupo, los fermiones, es decir, a todas aquellas partículas que tengan espín semientero (± ½).

Nos acercamos al final de este capítulo: el modelo atómico actual que ha sido fruto de todos y cada uno de los avances científicos que acabas de leer; la suma de todo, la evolución, **el modelo mecánico cuántico,** marco teórico que nos permite describir los comportamientos del átomo y las partículas subatómicas de una forma mucho más precisa que los modelos ya presentados. Fue desarrollado principalmente por Schrödinger y Heisenberg y tiene como base:

— El núcleo atómico, que está compuesto por protones (carga positiva) y neutrones (carga neutra), representa la mayor parte de la masa del átomo, a pesar de ocupar un tamaño ínfimo con respecto a la estructura total (incluyendo núcleo y electrones). Para que te hagas una idea, si el átomo tuviese el tamaño de una pelota de fútbol, los electrones más cercanos al núcleo se encontrarían en un radio de 100 kilómetros, aproximadamente.

— Los electrones (carga negativa) se sitúan alrededor del núcleo en zonas definidas por probabilidades, conocidas como orbitales.
— Los orbitales atómicos, definidos por números cuánticos que describen su forma *(l)* y su orientación *(m),* son regiones alrededor del núcleo donde la probabilidad de encontrar a un electrón supera el 90 %.
— Todo el modelo se basa en principios de la mecánica cuántica.

Al estudiar en profundidad la ecuación de Schrödinger...

$$i\hbar \frac{\partial}{\partial t}\Psi(r, t) = \hat{H}\Psi(r, t).$$

i: unidad imaginaria
ħ: constante de Planck normalizada
∂/∂t: derivada parcial con respecto al tiempo
Ψ: función de onda del sistema cuántico
Ĥ: operador diferencial Hamiltoniano, caracteriza la energía total de la función de onda
r: posición
t: tiempo

... aparecen unas variables[14] a las que él y Heisenberg denominaron «números cuánticos»:

— Número cuántico principal *(n).* Su valor indica el nivel energético (orbital) en el que se encuentra el electrón.

---

14 Dependiendo de los valores numéricos de estas variables se obtendrán diferentes soluciones para la ecuación de onda.

Cuanto mayor sea *n,* más alejado estará el electrón del núcleo y más energía tendrá, y viceversa.

— Número cuántico secundario *(l)*. Su valor indica el subnivel energético (subórbita) en el que se encuentra el electrón. Además, sabiendo que los orbitales tienen formas geométricas que describen el movimiento electrónico alrededor del núcleo, cada valor de *l* tendrá una forma geométrica característica.

— Número cuántico magnético *(m)*. Sus valores indican las orientaciones que tienen los orbitales en el espacio.

Con estos tres valores era suficiente para conocer los lugares de máxima probabilidad para encontrar un electrón dentro de un átomo, pero fue necesario añadir una cuarta variable para tener en cuenta los efectos relativistas:

— El número cuántico de espín *(s)*. Describe el momento angular intrínseco del electrón, es decir, el giro del electrón sobre sí mismo. Los valores que puede tomar en fermiones son de ± ½.

Así que, en resumen, queda claro que el modelo atómico actual consta de la propuesta de Schrödinger con dos correcciones. La primera corresponde a la reformulación de la ecuación de Schrödinger, ya que de ella no surgían naturalmente los números cuánticos de espín ½. La segunda corrección, llevada a cabo por Paul Dirac, consistió en unificar la fórmula asociada a la energía en la relatividad $(E = mc^2)$ y a la ecuación de Schrödinger.

Este breve y superficial (pero fascinante) recorrido a lo largo de la historia del átomo ha llegado a su fin, sí. Pero la cantidad de ideas y de experimentos que han surgido en la mente humana a lo largo de tantos años (del siglo IV a. C. a la actualidad) para responder a la que parecía una simple pregunta («¿de qué estamos formados?») ha dejado claro que las ideas siempre son antecesoras de los hitos históricos, y que, por lo tanto, la búsqueda de respuestas a preguntas también lo es.

Una vez hemos terminado el viaje a lo largo de todas las ideas que han ido surgiendo para explicar algo tan simple como qué nos compone y compone todo lo que nos rodea, llega el que puede ser el capítulo más intrigante del libro. Espero que mantengas la concentración y disfrutes de este paseo, ahora, por la física de lo pequeño.

CAPÍTULO 2

Física cuántica

Imagina estar en el campo con tus amigos, en una noche fría de invierno, y encender una fogata. Puedes ver tranquilamente cómo las llamas iluminan la oscuridad, cambian de color y calientan el aire a tu alrededor.

Durante muchos siglos, este fenómeno parecía completamente entendible: el calor genera luz, y tanto la intensidad[15] como el color de las llamas dependerán de su temperatura. Sin embargo, a finales del siglo XIX, esta sencilla escena se convirtió en un problema inabordable para la comunidad científica.

La problemática surgió al intentar explicar con precisión por qué los objetos calientes emitían luz, un fenómeno co-

15 Propiedad relacionada con la amplitud de onda que determina características como el brillo.

nocido como «radiación del cuerpo negro». Según las leyes clásicas ya asentadas, la intensidad de la radiación debería aumentar sin límites a medida que esta va siendo más energética. En otras palabras: los cálculos teóricos predecían que los objetos calientes emitirían cantidades infinitas de energía en forma de radiación de alta frecuencia,[16] algo que era absurdo y que fue categorizado como «la catástrofe del ultravioleta». La física clásica, que había gobernado el entendimiento durante siglos, empezaba a tambalearse.

Fue en este momento cuando el físico alemán Max Planck tomó una decisión muy arriesgada que cambió para siempre nuestra comprensión del mundo. Propuso que la energía no se emite de forma continua, como un flujo constante, sino que lo hace en pequeñas cantidades discretas a las que denominó «cuantos». Además, introdujo una nueva constante fundamental, conocida hoy como constante de Planck (h), que describe el tamaño de los cuantos.

Para que puedas visualizarlo, usemos el ejemplo de una escalera. Imagina que subes por una escalera. Está claro que no puedes colocar tu pie en cualquier punto como lo podrías hacer en una rampa. Solo puedes pisar los peldaños y, además, tiene que ser en orden: empiezas por el primero, luego el segundo, seguidamente el tercero... De esta forma, cada uno representa un *nivel* específico que puedes alcanzar, dejando así claro que no existe la posibilidad de quedarse en el espacio entre peldaños. **La propuesta de Planck afirmó**

---

16 Perteneciente a ondas con un gran número de oscilaciones por segundo. Transportan más energía que ondas con frecuencias bajas, como por ejemplo microondas o radio.

que la energía se comporta como una escalera: solo puede existir en cantidades específicas, paquetes de energía (peldaños) que, como acabamos de comentar, reciben el nombre de cuantos.

Esencialmente, Max Planck había abierto la puerta, pero todavía era necesario entender lo que significaban realmente esos *paquetes* de energía. Veamos algunas de sus contribuciones fundamentales.

Einstein y el efecto fotoeléctrico

El efecto fotoeléctrico ocurre cuando la luz, al incidir sobre ciertos metales, hace que estos liberen electrones. Según las teorías clásicas de la época, de los siglos XIX y XX, se pensaba que, cuanto más intensa fuese la luz, mayor sería la energía de los electrones expulsados.

Sin embargo, los experimentos demostraron algo totalmente distinto. No importaba cuánto brillase la luz (es decir, cuál fuera su intensidad[17]), sino que **lo que verdaderamente determinaba si los electrones iban a ser liberados y con cuánta energía era el color de la luz (es decir, su frecuencia).** Por ejemplo, una luz ultravioleta (o de alta frecuencia), aunque sea débil, será capaz de *arrancar* electrones con más energía que una luz roja (de baja frecuencia), por muy intensa que esta sea.

---

17 Número de fotones por unidad de área.

Esto, que fue descubierto por Albert Einstein en 1905, sugería que la luz no era una onda continua como se pensaba, sino que estaba formada por pequeñas partículas que recibieron el nombre de «fotones», cada uno con una energía proporcional a su frecuencia, determinada por la constante de Planck.

Este descubrimiento cambió radicalmente la forma en la que entendemos la naturaleza de la luz, además de darle la razón al concepto de cuanto propuesto por Planck.

Además, **el científico Albert Einstein no fue galardonado con el Premio Nobel de Física por su reconocida teoría de la relatividad, sino que lo hizo en 1921 por dar explicación al efecto fotoeléctrico.**

Bohr y el modelo atómico

En 1913, el físico danés Niels Bohr resolvió el gran desafío de explicar cómo los electrones giran alrededor del núcleo sin colapsar por la atracción eléctrica, y para ello aplicó conceptos cuánticos al modelo atómico.

Según las leyes clásicas, los electrones en movimiento deberían perder energía de forma continua y caer hacia el núcleo en un movimiento en espiral, lo cual no se contemplaba, ya que los átomos presentaban una sorprendente estabilidad.

Bohr propuso que los electrones solo podían ocupar ciertos niveles de energías discretos, al igual que tú solo puedes subir escalón a escalón una escalera. De esta forma, solo podían acceder a un nivel energético superior cuando absorbían un cuanto de luz y a un nivel energético inferior cuando lo emitían.

Al eliminar la idea de que los electrones perdían energía constantemente e imponer que estos se encuentran en órbitas estables que evitan que entren en colapso con el núcleo, el problema de la estabilidad atómica quedaba resuelto.

Visualmente, Bohr imagina el átomo como un sistema solar en miniatura donde los planetas (electrones) solo pueden orbitar trayectorias específicas; obviamente, no se mueven a su gusto. Este escenario postula que los electrones no pierden energía constantemente debido al movimiento, ya que las órbitas son estables. De igual forma, solo podrán cambiar de órbita si reciben o liberan la cantidad exacta de energía.

Gracias a esta idea, Bohr también pudo explicar fenómenos como los espectros de emisión. En el caso del hidrógeno (que fue el estudiado), cuando sus átomos son excitados emiten luz en colores específicos correspondientes a las transiciones del electrón de una órbita a otra. Una especie de *código de barras* de colores propio de cada elemento presente en la naturaleza.

De nuevo, ninguno de estos modelos hubiese sido viable sin tener en cuenta la propuesta de cuantización de la luz.

La naturaleza, desde los inicios del pensamiento humano, se había considerado *continua,* es decir, todas las cantidades podían variar de forma *suave* y sin interrupciones, al igual que el agua fluyendo por un río. Sin embargo, los descubrimientos cuánticos llevados a cabo en el siglo XX concluyeron todo lo contrario. En las escalas más pequeñas, el cosmos está cuantizado: la energía, la luz e incluso el comportamiento atómico están determinados por pasos discretos.[18]

Así, además de cambiar de raíz el pensamiento clásico, se marca una nueva etapa en la ciencia donde **lo discreto es clave para entender procesos fundamentales.** La física cuántica adquiere poder entonces, ya que no solo explica los misterios que la física clásica no había podido solucionar, sino que también da lugar a conceptos contraintuitivos que desarrollaremos a continuación y que cambiaron nuestra concepción del universo para siempre.

A continuación, comenzaremos a desarrollar los principios fundamentales de la física cuántica. Conceptos clave, claramente contraintuitivos, que te mostrarán su naturaleza extraña pero alucinante.

Dualidad onda-partícula

En el mundo macroscópico (en el que vemos y sentimos), solemos clasificar a los cuerpos como partículas o como ondas. Por ejemplo, una moto tiene una posición perfectamente definida y se mueve en una trayectoria precisa, mientras que

---

18 Algunas teorías de gravitación cuántica en desarrollo han planteado la hipótesis de que el espaciotiempo mismo está cuantizado y solo nos movemos a través de él en pasos discretos. Un ejemplo es la gravedad cuántica de bucles. Sin embargo, no hay evidencia de un espaciotiempo discreto.

una onda como la que se forma en un estanque se propaga y no tiene un punto de localización.

En el mundo cuántico, todo esto se transforma. Partículas como electrones, fotones o incluso átomos pueden comportarse tanto como partículas clásicas —con sus correspondientes posiciones y trayectorias específicas— como ondas capaces de interferir[19] y difractarse.[20]

Uno de los experimentos más destacados para demostrar y describir esta dualidad es el experimento de la doble rendija.

Imagina un cañón que dispara electrones hacia un panel con dos rendijas y que, detrás de este, hay un segundo panel que registra dónde impactarán los electrones.

Si pensamos en los electrones como partículas clásicas, sería de esperar que cada uno de ellos pasase por una de las dos rendijas, formando así en el panel registrador dos especies de *bandas* correspondientes y alineadas con las dos aberturas. Sin embargo, lo que realmente se puede ver en el panel final es un patrón de interferencia, propio de las ondas: cuando las ondas que pasan por ambas rendijas interfieren, es decir, se suman en algunos puntos y se cancelan en otros, se forma una serie de franjas claras y oscuras.

Ahora, cambiemos parcialmente el experimento, colocando un detector para poder ver con precisión cada electrón que pasa por la rendija disparado, así podremos identificar

19 Ocurre cuando dos o más ondas se superponen en el mismo espacio. Según la relación de sus fases, pueden sumarse (interferencia constructiva) o cancelarse (interferencia destructiva).

20 Capacidad de las ondas para rodear obstáculos o expandirse al pasar por una abertura.

sus trayectorias. Sorprendentemente, siguiendo los mismos pasos que antes, el patrón de interferencia desaparece y ahora en el panel registrador, como cabría esperar si los electrones fuesen partículas, observamos dos bandas.

Esto significa que el comportamiento de los electrones y de otras partículas depende de si lo estamos observando o no. Cuando no medimos sus trayectorias, parecen pasar por ambas rendijas a la vez, comportándose como ondas. En cambio, si colocamos un detector, parece que *obligamos* al electrón a comportarse como una partícula, y a pasar así por una rendija o por la otra. Esto sucede porque, a escalas tan pequeñas como la de un electrón, el acto mismo de medir una propiedad física implica alterar su estado, un hecho que en la física clásica puede ser ignorado debido a sus diminutos efectos.

Matemáticamente —a partir de este resultado— y teniendo en cuenta que no podemos describir las partículas con los mismos mecanismos que usamos para describir un coche, se incorpora el concepto de función de onda (ψ). Esta entidad matemática representa el estado cuántico de una partícula o un sistema, es decir, contiene la información sobre sus propiedades físicas. No tiene un significado físico directo, pero su módulo al cuadrado ($|\psi(r, t)|^2$) indica la probabilidad de encontrar la partícula en una posición o con un valor de energía específico.

Como discutiremos en este capítulo, la mecánica cuántica nos indica cómo determinar la forma de esta función (ψ) para un sistema físico dado. Con esto, **se marca un adiós al determinismo para abrirle las puertas a la probabilidad.**

Superposición

En términos simples, este fenómeno indica que una partícula cuántica no tiene un estado definido hasta que no es observada o medida. En vez de estar en un estado concreto, como en la posición A o B, estará en una combinación de todos los estados posibles que podría ocupar.

Esencialmente, sin entrar en la parte técnica de las matemáticas, la función de onda vuelve a ser la protagonista y describe la superposición. Volviendo al ejemplo anterior, si una partícula puede estar en dos posiciones, A y B, entonces su estado antes de medirlo se expresará como:

$$\boldsymbol{\psi = c_A \cdot |A\rangle + c_B \cdot |B\rangle}.$$

Siendo c_A y c_B los coeficientes cuyo módulo cuadrado, $|cA|^2$ y $|cB|^2$, indica la probabilidad de encontrar la partícula en A o en B cuando la medimos. Hay que aclarar que, necesariamente solo cuando se realiza la medición, el sistema colapsará en uno de los estados posibles; en este caso, o bien A o bien B.

El físico y filósofo Erwin Schrödinger planteó un experimento mental para entender cómo la superposición puede llevar a estados *absurdos* cuando se aplica a sistemas macroscópicos.

Imagina un dulce gato encerrado dentro de una caja. En el interior de esta existe un dispositivo que contiene un átomo radiactivo, un contador Geiger,[21] un martillo y un frasco de veneno.

---

21 Dispositivo que detecta y mide la radiación ionizante (partículas alfa, beta y rayos gamma).

Si el átomo radiactivo se desintegra (proceso cuántico que ocurre de forma probabilística), el contador Geiger lo detectará y activará sucesivamente el martillo, rompiendo así el frasco de veneno que acabará con la vida del gato. Sin embargo, si el átomo no se desintegra, ninguno de los anteriores sucesos ocurrirá y el gato permanecerá vivo.

Si no abres la caja, no tienes forma de saber el estado del gato; si la abres, haciendo, por tanto, una *medición,* el sistema colapsará en un estado definido: el gato estará o vivo o muerto.

Continuando con esto, la superposición no solo se ha puesto a prueba mediante experimentos mentales como el del gato de Schrödinger, sino que también ha sido confirmada en experimentos reales, como el de interferencia de electrones que explicaremos ahora.

Contamos con la misma disposición que en el experimento de la doble rendija: un panel en el que hay dos rendijas y, justo después de este, otro panel que se usará como registrador.

Si lanzamos electrones —uno a uno— a través de la doble rendija, los electrones mostrarán un patrón de interferencia en la última pantalla, dando a entender que pasan por las dos rendijas a la vez (como una onda). Este estado solo se explica si los electrones están en superposición de estados: *pasar por la rendija A* y *pasar por la rendija B.*

En cambio, si colocamos un detector para comprobar que es cierto que los electrones atraviesan las dos rendijas a la vez, el comportamiento de estos cambia y el panel recoge dos bandas sombreadas, indicando que en este caso los electrones se están comportando como partículas. **En otras pa-**

labras: al observar, la superposición de estados colapsa en solo uno de ellos.

Es importante destacar la labor matemática de Schrödinger, que publica en 1926 su conocida ecuación. Para una partícula en una dimensión independiente del tiempo es:

$$\frac{-\hbar^2}{2m}\frac{\partial^2\psi(x)}{\partial^2 x} + U(x)\psi(x) = E\psi(x).$$

ψ(x): función de onda
m: masa de la partícula
U(x): el potencial en el que se mueve dicha partícula
E: la energía del sistema completo

Se trata de uno de los pilares de la física cuántica. Es una ecuación diferencial que nos permite determinar la función de onda; en esencia, describe cómo evoluciona en el tiempo y el espacio. Además, juega un papel equivalente al de la segunda ley de Newton en la física clásica, determinando la dinámica de un sistema cuántico.

Entrelazamiento cuántico

El entrelazamiento cuántico ocurre cuando dos (o más) partículas, al interactuar de una manera específica, forman un sistema cuántico conjunto. Tras esta interacción, las partículas dejan de tener propiedades individuales bien definidas y en su lugar el sistema completo (que las incluye a todas) se describe mediante una sola función de onda. Sus estados estarán correlacionados y cualquier medición en una de ellas afectará inmediatamente al estado de las otras, sin importar si están separadas por centímetros o por años luz.

Veamos un experimento mental conocido como «la paradoja del guante». Tienes dos guantes: uno izquierdo y otro derecho. Los colocas en dos cajas, las cierras, y envías una a la Tierra y otra a Marte.

Cuando abres una de ellas, por ejemplo, la que está en la Tierra, descubres que contiene el guante derecho. Inmediatamente sabes que el otro guante, el que está en Marte, es el izquierdo. Esto no tiene nada sorprendente, ya que los guantes tenían bien definidas sus propiedades (izquierdo y derecho) desde el momento en el que se metieron en las cajas. De forma que lo único que pasó es que tú descubriste esa propiedad al abrir la caja.

Sin embargo, en el caso cuántico, ocurre algo completamente diferente. Vamos a suponer que en vez de guantes tenemos partículas entrelazadas, como electrones o fotones, y queremos medir una propiedad de ellas, por ejemplo, su espín.

Cuando las partículas en cuestión están entrelazadas, no tienen un valor definido de espín antes de ser medidas, al contrario que sucede con los guantes mencionados anteriormente, ya metidos en la caja como *izquierdo* y *derecho*. Así, las partículas, antes de ser medidas, estarán en superposición cuántica, es decir, en una mezcla de estados posibles como, por ejemplo:

Partícula A: espín arriba, **partícula B**: espín abajo

+

Partícula A: espín abajo, **partícula B**: espín arriba

Solo cuando medimos una de las dos partículas, A o B, el estado se define y, al mismo tiempo, el estado de la otra partícula también lo hará, de forma inmediata y sin importar la distancia entre ellas.

Principio de incertidumbre

Propuesto por el físico alemán Werner Heisenberg en 1927, establece que en el modelo cuántico existen límites fundamentales a nuestra capacidad para medir con precisión absoluta ciertas propiedades de una partícula. No se trata de una limitación tecnológica, sino de una característica adherida al mundo cuántico.

Matemáticamente, se expresa así:

$$\Delta x \cdot \Delta p \geq \frac{\hbar}{2}.$$

Δx: incertidumbre en la posición de la partícula
Δp: incertidumbre en el momento lineal (relacionado con la masa y la velocidad)
ħ: constante de Planck normalizada

Esta expresión implica que no se pueden conocer simultáneamente y con precisión absoluta la posición y el movimiento de una partícula ($\Delta x \rightarrow 0$), es decir, si intentamos medir exactamente dónde está una partícula, perderemos información de cómo se está moviendo ($\Delta p \rightarrow \infty$) y viceversa.

También se determina que la incertidumbre no es tecnológica, sino que, debido a la naturaleza ondulatoria de las partículas, la función de onda correspondiente a cada una no puede ser medida con precisión infinita, al contrario que en la física clásica.

Veamos un ejemplo. En el caso de un electrón dentro de un átomo, el principio de incertidumbre explica por qué no puede estar localizado en una órbita bien definida, como sugería el modelo atómico de Rutherford. En el caso de que esto ocurriese y pudiésemos conocer con precisión su posición en la órbita, su momento lineal (movimiento) sería completamente incierto, lo que implicaría que, en el instante posterior a la medición, el electrón podría estar en cualquier parte.

De aquí surge el describir los electrones pertenecientes a un átomo como una nube de probabilidad. No se encuentran en un lugar exacto, sino en una región del espacio donde es muy probable encontrarlos.

Como has podido entender a lo largo de este apasionante capítulo, la física cuántica lejos está de la intuición humana. **Es impactante pensar en cómo las cosas, a pequeña escala, se comportan de forma totalmente distinta a nosotros en nuestra vida cotidiana.** ¿Imaginas vivir sin que nadie pudiera saber exactamente dónde estás? ¿O poder comunicarte de forma instantánea con personas que vivan en la otra parte del planeta?

Estas cuestiones nos llevan a preguntarnos lo siguiente: ¿por qué no apreciamos efectos cuánticos en nosotros mismos o en cuerpos macroscópicos?

La respuesta la tiene la «decoherencia cuántica», proceso por el cual un sistema cuántico pierde sus propiedades cuánticas debido a las interacciones con su entorno. Estas destruyen las coherencias entre las distintas partes que componen la función de onda, haciendo que el sistema pase de un cuerpo cuántico a uno clásico.

Esencialmente, es el mecanismo que explica por qué no vemos fenómenos cuánticos en el mundo macroscópico. Es importante destacar que la decoherencia no implica que el sistema colapse, sino que el entorno *diluye* las propiedades cuánticas, haciéndolas irrelevantes para el observador macroscópico.

Imagina ahora una pianista tocando una nota perfectamente afinada en una habitación vacía. Si entran otros instrumentos, y empiezan a tocar cada uno notas al azar, el sonido del piano se pierde en el abundante ruido, aunque técnicamente ahí sigue, presente. De igual forma, la decoherencia ocurre cuando un sistema cuántico interactúa con el *ruido* del entorno, haciendo que sus características se disipen y sean imperceptibles desde el mundo macroscópico, así como desde la habitación llena de ruido.

La física cuántica nos lleva, sin duda, a un lugar en el que dejamos de lado la intuición y nos quedamos donde lo imposible se convierte en la norma. Un lenguaje universal que, mirado de cerca, nos muestra un cosmos formado por probabilidades, conexiones invisibles y reglas que desafían la lógica clásica.

Cada partícula en superposición o en estado entrelazado nos recuerda que el mundo que nos rodea es profundamente extraño e impactante, donde lo que parece *fijo* es, en realidad, un mar de probabilidades.

Podemos concluir este capítulo pensando que la física cuántica no es solo una teoría, sino una invitación a imaginar un universo más misterioso de lo que jamás hubiésemos imaginado. Cuanto más aprendemos, más dudas surgen, y eso es definitivamente lo bonito del campo científico. En cada rincón del cosmos hay magia esperando a ser descubierta, y es solo nuestra capacidad de dudar y de hacernos preguntas la que nos llevará a entenderla.

CAPÍTULO 3

Aplicaciones en la vida cotidiana

Resonancia Magnética Nuclear (RMN): explorando el cuerpo con física cuántica

La resonancia magnética nuclear es una de las aplicaciones más impactantes de la física cuántica: se utiliza tanto en investigación científica como en medicina. Su funcionamiento se basa en el conocimiento y aprovechamiento de una de las propiedades de las partículas, conocida como **espín.** A través de esto, es posible obtener una información detallada sobre la estructura de las moléculas e imágenes del cuerpo humano.

En física cuántica, los protones y neutrones que conforman el núcleo atómico tienen una propiedad llamada «espín», como decíamos anteriormente, que podemos entender, de manera muy simple, como un *momento angular*[22] intrínseco. Cuando los núcleos se colocan en el seno de un campo magnético, se comportan como pequeños imanes que pueden alinearse o desalinearse con el campo.

En presencia de un campo magnético, los núcleos de ciertos átomos pueden ocupar uno de los dos estados de espín posibles: paralelo al campo (o baja energía) o antiparalelo al campo (o alta energía). La diferencia de energía entre estos estados depende de la intensidad del campo aplicado.

Ahora bien, si se aplica radiación electromagnética en el rango de radio[23] con una energía igual a la diferencia entre ambos niveles de espín, los núcleos absorberán esta energía radiada y sus estados de espín *saltarán* desde el de menor energía (o paralelo) al de mayor (o antiparalelo).

Después de la excitación, los núcleos vuelven espontáneamente a sus correspondientes estados iniciales de menor energía (o paralelo), liberando así la absorbida como una señal electromagnética. Esta señal, conocida como «resonancia», es detectada por la máquina de RMN, que procesará la información para generar una imagen (en medicina) o un espectro (en estudios químicos).

22 Magnitud física que describe la cantidad de movimiento rotacional, de giro, de un objeto respecto a un punto o a un eje.

23 Rango perteneciente a las frecuencias más bajas del espectro electromagnético.

Astrofísica y física cuántica: agujeros negros

La radiación de Hawking es un fenómeno teórico que une dos pilares fundamentales de la física: la cosmología, encargada de estudiar el universo a grandes escalas, y la física cuántica, que describe el comportamiento de las partículas subatómicas. En este fenómeno se dan la mano la física de lo infinitamente grande y la física de lo infinitamente pequeño.

Esta teoría fue propuesta por Stephen Hawking en 1979, y predice que los agujeros negros no son completamente oscuros, como su nombre indica, sino que emiten radiación (o energía) en forma de partículas debido a efectos cuánticos en su horizonte de sucesos.

Empezaremos entendiendo que **un agujero negro es una región del espaciotiempo**[24] **donde la gravedad es tan intensa que ni siquiera la luz puede escapar.** Una de las partes fundamentales de estos objetos es el horizonte de sucesos, región que marca el punto de no retorno; una línea imaginaria (ya que no la podrías ver) a partir de la cual, una vez cualquier cuerpo la cruce, quedará inmerso inevitablemente en el agujero negro.

En cambio, según la física cuántica, lo que consideramos *vacío* realmente no lo está. En su lugar, el vacío visto a escalas subatómicas no es más que un mar de fluctuaciones continuas donde *mágicamente* aparecen y desaparecen pares de partículas virtuales: partículas y sus correspondientes antipartículas.

---

24 Tejido que conforma todo el universo, combinando espacio y tiempo en una única entidad.

Característica	Partícula real	Partícula virtual
Existencia	Permanente o hasta desintegrarse	Temporal, asociada a interacciones
Observación directa	Se puede medir con instrumentos	No se puede observar directamente
Leyes de conservación	Cumplen siempre con relación relativista de energía y momento	No necesariamente cumplen, de forma exacta, la relación energía-momento
Rol	Entidad física	Mediadora de interacciones
Ejemplo	Fotón detectado por un telescopio	Fotón virtual como mediador en la interacción electromagnética

Ahora bien, ¿qué pasaría si uno de estos pares partícula-antipartícula se generase justo en el horizonte de sucesos de un agujero negro?

Si esto ocurriese, uno de los miembros del par de partículas virtuales podría caer dentro del agujero negro (o traspasar el horizonte de sucesos), mientras que el otro escaparía al espacio exterior. Este proceso, además de evitar que las partículas se aniquilen, hace que la partícula que escapa pase a ser una partícula real, en vez de virtual.

Sin embargo, para que el agujero negro *permita* que la partícula mencionada escape, este debe perder una pequeña cantidad de energía, y significará así que el agujero negro perderá masa, según la ecuación de Einstein ($E = mc^2$), donde masa y energía son equivalentes.

De esta forma (si esto ocurre continuamente), el agujero negro cada vez perderá más masa, hasta que pueda llegar a desaparecer, a *evaporarse.* Justo aquí surge un problema fundamental en la física teórica todavía sin responder: si el agujero negro desaparece por completo, ¿qué sucede con la información contenida en la materia que cayó en él?

Además, la radiación de Hawking sigue sin haber sido verificada experimentalmente, ya que la emisión de radiación es inversamente proporcional a la masa del agujero negro, y se estima que la mayoría de los agujeros negros tienen masas enormes (por ejemplo, miles de millones de veces la masa de nuestro Sol). De esta forma, la radiación emitida sería extremadamente débil como para poder detectarla con la tecnología de la que disponemos actualmente. Hawking estimó que cualquier agujero negro formado en el universo temprano con una masa menor a 10^{12} kg[25] ya se habría evaporado completamente. De todos modos, su estudio nos acerca, sin duda, a responder a preguntas fundamentales sobre el universo, marcando un puente especial hacia una teoría unificada de la física.

Computación cuántica: el futuro de la información

La computación cuántica es una revolución del procesamiento de la información basada en los principios de la física cuántica. A diferencia de los ordenadores clásicos, los que

25 Como referencia, la masa de nuestro Sol es de $1{,}989 \cdot 10^{30}$kg.

tienes en tu casa, que procesan la información en bits[26] binarios (0 o 1), los ordenadores cuánticos usan qubits (o bits cuánticos), que pueden estar en superposición de estados, es decir, pueden ser simultáneamente 0 y 1 con diferentes probabilidades. Esta característica, junto con fenómenos como el entrelazamiento y la interferencia, permite realizar ciertos cálculos en el ordenador de manera mucho más eficiente que en los ordenadores convencionales.

Veamos las características que se dan en la computación cuántica.

Superposición

Fenómeno que permite que un mismo qubit pueda encontrarse en múltiples estados al mismo tiempo. Esto significa que un sistema de *n* qubits puede representar 2^n combinaciones de estados simultáneamente. Por ejemplo, con 2 qubits (2^2) el sistema puede estar en la siguiente superposición de estados: (00), (01), (10), (11). Mientras que, si disponemos de 3 qubits (2^3) podemos conseguir ocho estados superpuestos de la siguiente forma: (000), (001), …, (111). En este último caso, para describir tres bits clásicos, necesito solo tres *números,* por ejemplo 0 0, y 1. Mientras que para describir 3 qubits, necesitamos ocho números, los ocho coeficientes que acompañan a los estados de la superposición. Esto implica un aumento exponencial en la capacidad de almacenar información entre los qubits y los bits clásicos.

26 Unidad básica de información en computación y sistemas digitales.

Entrelazamiento

Mediante esta propiedad, dos qubits entrelazados no pueden describirse de forma independiente del otro; por el contrario, su estado conjunto se expresará como una función de onda compartida que incluye a ambos.

Si medimos el primer qubit y obtenemos 0, automáticamente el segundo qubit estará en cero (lo mismo ocurre si obtenemos 1).

Para visualizarlo, imagina un par de qubits entrelazados en el siguiente estado, conocido como uno de los estados de Bell. Esto significa que los dos qubits están en una superposición perfecta donde, si uno es 0, el otro también lo es, y si uno es 1, el otro también lo será:

$$\psi = \frac{\mathbf{1}}{\sqrt{\mathbf{2}}}(|\mathbf{00}\rangle + |\mathbf{11}\rangle).$$

Suponiendo que los qubits están separados por una gran distancia, y midiendo uno de ellos en el laboratorio, el resultado puede ser:

—$|\mathbf{0}\rangle$ con un 50 % de probabilidad.
—$|\mathbf{1}\rangle$ con un 50 % de probabilidad.

En el caso de la medición de primer qubit de $|0\rangle$, el estado total del sistema colapsará a $|00\rangle$, y automáticamente el segundo qubit adoptará el estado $|0\rangle$ sin importar lo lejos que se encuentren. Igual ocurrirá si la medición da $|1\rangle$.

Interferencia

La interferencia cuántica se produce cuando las amplitudes de probabilidad de los estados cuánticos se combinan sumándose (interferencia constructiva) o restándose (interferencia destructiva).

En el caso de las operaciones cuánticas, las amplitudes de probabilidad de los estados se pueden *manipular* para favorecer algunas soluciones sobre otras. Esto permite que los algoritmos cuánticos sumen las respuestas correctas (mediante interferencia constructiva) y elimine las incorrectas (mediante interferencia destructiva).

La interferencia es fundamental para que los algoritmos cuánticos sean eficientes, ya que guía al sistema hacia las respuestas más probables al final del cálculo.

Puertas cuánticas

Las puertas lógicas clásicas son componentes fundamentales en los circuitos digitales que realizan operaciones básicas de lógica sobre uno o más valores de entrada para producir una salida. Operan con bits (0 o 1) y se utilizan para construir sistemas computacionales.

En física cuántica, las puertas lógicas asociadas realizarán también operaciones básicas, pero esta vez con qubits. Además, estas trabajan en superposición y pueden crear entrelazamiento entre qubits.

Medición

Se trata del proceso final en un cálculo cuántico, la solución. Como ya habrás aprendido a lo largo del capítulo anterior, al medir un qubit su estado de superposición colapsará en un resultado clásico (0 o 1) debido al colapso de la función de onda.

Actualmente, el proceso de computación cuántica sigue en desarrollo, con las siguientes limitaciones:

— Al ser los qubits extremadamente sensibles al ruido y a la decoherencia, se puede llegar a provocar errores en los cálculos.
— La computación cuántica requiere de sofisticados mecanismos de corrección de errores, ya que ínfimas perturbaciones pueden afectar a los resultados finales.
— Necesitan condiciones específicas, sobre todo de temperaturas muy frías, para mantener la coherencia cuántica, minimizando las interacciones con el entorno.

Criptografía cuántica: la seguridad del futuro

La criptografía es la técnica de proteger información mediante métodos que la hacen ilegible para personas que no estén autorizadas.

Con la criptografía cuántica vamos un paso más allá. Esta confía en el principio de incertidumbre de Heisenberg y el entrelazamiento cuántico, y crea sistemas que, además de ser mucho más seguros que los actuales, alertan a los usuarios en caso de intentos de espionaje. Mediante el principio de incertidumbre de Heisenberg, no es posible medir el estado de un sistema cuántico sin alterarlo. Esto concluye que cualquier intento de interceptar una comunicación cuántica cambiará inevitablemente el estado del sistema, alertando de esta forma a los usuarios.

Igualmente, en un par de partículas entrelazadas, el estado de una de ellas depende instantáneamente del estado de la otra. Este fenómeno permite compartir claves de forma segura, ya que cualquier alteración en una partícula afectará inmediatamente a la otra.

Veamos un ejemplo de la aplicación más conocida de la criptografía cuántica: la distribución de claves cuánticas (QKD, por sus siglas en inglés: *Quantum Key Distribution*). Este proceso permitirá a dos partes generar una clave compartida para cifrar y descifrar mensajes.

La primera parte se llamará Alice, siendo esta la emisora que desea enviar el mensaje cifrado o establecer una clave compartida, mientras que la segunda se llamará Bob, siendo este el receptor que recibe el mensaje cifrado o la clave para descifrarlo.

Seguiremos el Protocolo BB84, desarrollado en 1984 por los científicos Charles Henry Bennett y Gilles Brassard, ya que es el esquema más utilizado de QKD. Su funcionamiento es el siguiente:

1. **Transmisión de fotones.** Alice envía fotones individuales con estados cuánticos de polarización codificados de distintas bases (horizontal/vertical o diagonal).
2. **Medición por Bob.** Bob medirá la polarización de los fotones en bases aleatorias, ya que no puede predecir cuál

fue la que usó Alice (horizontal/vertical o diagonal). De esta forma, algunas mediciones serán incorrectas.

3. **Comparación clásica.** A través de un canal clásico, Alice y Bob se comunican para comparar las bases utilizadas en la medición de cada fotón enviado. Así, solo los fotones medidos en la misma base por los dos son útiles para generar la clave; los demás simplemente se ignoran.
4. **Detección de espionaje.** Si un espía, al que llamaremos Eve, intenta interceptar los fotones y medir su polarización para obtener la clave, alterará con la medición inevitablemente los estados cuánticos, introduciendo errores detectables en la clave.
5. **Generación de la clave.** Una vez se han descartado los datos afectados por errores e interferencias, Alice y Bob generarán una clave segura que pueda utilizarse para cifrar mensajes en un canal clásico. Es decir, el protocolo cuántico solo se utiliza para generar la clave (de ahí el nombre: Quantum Key Distribution).

Aunque **la criptografía cuántica es tentadora para nuestro futuro,** pudiéndose usar en campos como la banca y finanzas, seguridad gubernamental o estableciendo redes cuánticas globales con una seguridad teóricamente casi infranqueable, todavía se enfrenta a varios desafíos, tanto tecnológicos como prácticos. Algunos de ellos son:

— La utilización de sistemas QKD requiere de equipos especializados, como generadores de fotones individuales y detectores ultrarrápidos, encareciendo así su fabricación.

—La transmisión de fotones, en fibras ópticas o por el aire, está limitada a ciertas distancias debido a la pérdida de señal. Actualmente, la comunicación cuántica deja de funcionar superados los pocos cientos de kilómetros.
—Según el teorema de no clonación, es imposible crear una copia independiente e idéntica de un estado cuántico determinado. Aunque constituya una clara limitación, podemos entender este teorema como una ventaja en cuanto a la garantía de la seguridad de los sistemas que lo contengan. Esta imposibilidad de clonar asegura que no se puede duplicar la información codificada en los estados cuánticos, dificultando así cualquier ataque.

Sin embargo, el camino a la victoria comenzó en 2016, cuando China lanza el satélite Micius, diseñado específicamente para establecer comunicaciones cuánticas. Este ha demostrado la posibilidad de distribuir claves cuánticas entre continentes, marcando un avance para una posible red cuántica global. El sistema que implementa Micius combina el QKD con enlaces ópticos satelitales, para así superar las limitaciones en cuanto a la distancia de la fibra óptica.

Sensores cuánticos: explorar la precisión extrema

Un sensor cuántico consiste en un dispositivo que utiliza sistemas cuánticos individuales (como átomos, iones, electrones o fotones) para realizar medidas de alta precisión. Se basa en la sensibilidad extrema de estos sistemas a la hora de interactuar con su entorno.

La superposición cuántica permite que los sistemas cuánticos existan en múltiples estados simultáneamente, aumentando así la capacidad de detectar variaciones diminutas en cualquier parte del entorno. Algo similar a observar una jungla de noche, pero como si pudieses tener ojos sobre toda su extensión.

Además, el entrelazamiento cuántico crea correlaciones que, al interactuar con un sistema físico y minimizar así las fluctuaciones aleatorias, pueden mejorar la precisión de las mediciones y reducir el ruido externo.

Aunque el principio de incertidumbre de Heisenberg establece límites fundamentales en la medición, los sensores cuánticos utilizan este principio para detectar pequeños cambios en magnitudes como la posición y el momento lineal.

A continuación, enumeraremos los distintos tipos de sensores cuánticos y sus aplicaciones:

— **Sensores gravitacionales.** Están basados en átomos fríos o láseres que se encuentran en superposición y miden las variaciones en el campo gravitatorio con una precisión extrema.

  Se usan principalmente en la detección de cavidades subterráneas en los campos de la ingeniería civil y la arqueología, en la exploración de recursos como minerales o en el estudio de ondas gravitacionales. Un ejemplo claro de esta última es LIGO (Laser Interferometer Gravitational-Wave Observatory), uno de los experimentos más fascinantes construido por el ser humano. Basa su funcionamiento en los interferómetros láser de alta precisión para detectar cambios en el entorno causados por ondas gravitacionales.

—**Magnetómetros cuánticos.** Emplean átomos o defectos en cristales, como centros vacantes de nitrógeno en diamantes (NV), para detectar campos magnéticos extremadamente débiles.

Se utilizan en medicina, concretamente en el monitoreo de la actividad cerebral y cardiaca mediante la medición de campos biomagnéticos.[27] También en geofísica, para el análisis de anomalías magnéticas en la Tierra y en la investigación en el campo de la física fundamental,[28] como, por ejemplo, para la detección de partículas exóticas.[29]

—**Sensores de tiempo.** Los relojes atómicos, que se desarrollarán en capítulos posteriores en este libro, están basados en transiciones cuánticas muy precisas, para así poder disponer de un tiempo exacto.

Las aplicaciones consisten en la sincronización de sistemas de comunicaciones y sistemas de posicionamiento global (GPS).

—**Sensores eléctricos.** Basados en qubits superconductores o dispositivos nanométricos,[30] son capaces de medir, con gran sensibilidad, campos eléctricos y potenciales.

27 Fenómenos o propiedades magnéticas generados por sistemas biológicos.

28 Rama de la física que estudia las leyes básicas y universales que determinan el comportamiento de la naturaleza.

29 Partícula subatómica que no pertenece al conjunto de partículas conocidas pertenecientes al modelo estándar.

30 Escala de medida correspondiente a los nanómetros *(nm),* donde un nanómetro equivale a una millonésima parte de un metro.

Se utilizan en dispositivos electrónicos avanzados, como circuitos integrados de última generación, además de en estudios de materiales a escalas atómicas o en el monitoreo de sistemas biológicos y químicos.

Aunque, enfocándonos ya en el futuro, los sensores cuánticos son claramente prometedores en campos como la exploración espacial o la medicina de precisión. Actualmente siguen padeciendo dos grandes desafíos en su desarrollo:

1. La mayoría de los sensores cuánticos necesitan disponer de entornos controlados, como temperaturas ultrafrías o sistemas de vacío, aumentando su coste y complejidad.
2. La alta sensibilidad que los caracteriza puede suponer una desventaja en entornos con mucho ruido, donde los datos pueden ser más difíciles de interpretar.

SEGUNDA PARTE

Lo que puedes ver

β

«En la vida no hay cosas que temer,
solo cosas que comprender».

MARIE CURIE

CAPÍTULO 4

La luz

Mira a tu alrededor, piensa en tu día a día: todo lo que eres capaz de ver y de recordar es gracias a la luz. Antes de adentrarnos en este brillante mundo, es importante conocer el proceso de evolución de ideas y descubrimientos que han ido cambiando la concepción de este universo luminoso.

A principios del siglo XVIII, la creencia generalizada era que la luz estaba compuesta de partículas. Esto explicaba fenómenos como la refracción, la reflexión o incluso la sombra que proyectan los objetos.[31]

El portavoz de esta teoría fue el inglés Isaac Newton, físico y teólogo que, en los siglos XVII y XVIII, se hizo conocido a nivel mundial por sus aportaciones tanto a la gravita-

31 Los fenómenos de refracción y reflexión los vemos en detalle en la página siguiente.

ción universal (*Philosophiæ naturalis principia mathematica,* de 1687[32]) como a la óptica (*Opticks,* de 1704[33]).

En *Opticks,* Newton asume que la luz está formada por pequeñas partículas, a las que llamó «corpúsculos», que se desplazan en línea recta y a gran velocidad, explicando así por qué los objetos crean sombras nítidas. Además, para él, los fenómenos de reflexión y refracción eran claros. La reflexión es un choque (o rebote) de las partículas de luz contra superficies lisas (como ocurre con los espejos), y la refracción es la aceleración o desaceleración de estos corpúsculos al cambiar de un medio a otro (por ejemplo, del aire al agua). Por último, viendo cómo la luz que pasaba por un prisma se dispersaba y formaba un arcoíris, sugirió que los diferentes colores se deben a la existencia de corpúsculos de distinto tamaño.

Aunque la teoría corpuscular de la luz propuesta por Newton aclaraba a la perfección los fenómenos citados, seguía teniendo lagunas en relación a la interferencia y la difracción. Sin embargo, esta obra influyó en el desarrollo de la mecánica cuántica, donde la luz también presenta un comportamiento de partícula (fotones).

---

32 En esta obra, Isaac Newton desarrolla sus descubrimientos en mecánica y cálculo matemático. Supuso un punto de inflexión en la historia de la ciencia hasta el punto de ser considerada una de las obras científicas más importantes de la historia.

33 En ella se explican las reflexiones, refracciones, inflexiones y colores de la luz (desde el punto de vista corpuscular de la época).

Siguiendo con las contradicciones y los huecos, en 1667, Christian Huygens,[34] astrónomo, físico, matemático y miembro cofundador de la Royal Society, afirmó que la luz era un fenómeno ondulatorio que se iba transmitiendo a través de un medio llamado «éter».[35] De esta forma se podían demostrar la interferencia y la difracción, que habían sido los puntos débiles de la teoría corpuscular.

Huygens determina que cuando dos o más ondas se superponen y viajan en la misma dirección, se obtiene una onda mayor, menor o de igual amplitud: la interferencia.

Las ondas se quieren o se odian, se suman o se anulan, dependiendo de si están *en fase* o no en el momento de encuentro.

La interferencia juega un papel importante para describir la difracción. Cuando las ondas de luz (como cualquier otro tipo de ondas) se encuentran con un obstáculo en su camino, las partes próximas al borde de la onda sufrirán una desviación, al igual que el mar si colocas una roca en la orilla. Las olas avanzarán, mientras que las zonas cercanas a

34 Fue el responsable de explicar, entre otros fenómenos, la naturaleza de los anillos de Saturno. También es el descubridor de Titán (el mayor satélite de Saturno), inventó el reloj de péndulo moderno, perfeccionó el telescopio y estableció las leyes del choque entre los cuerpos elásticos.

35 Medio hipotético, intangible e invisible, que ocupa todo el espacio y en el que se propagan las ondas luminosas y los cuerpos celestes. También conocido como «éter luminífero» (*luminífero* significa 'portador de luz').

la roca se desviarán y la rodearán para luego volver a ser parte de las demás.

Esta teoría cayó en el olvido hasta principios del siglo XIX, cuando el científico y lingüista inglés Thomas Young confirma el comportamiento ondulatorio de la luz mediante el experimento de la doble rendija, ya mencionado en capítulos anteriores. Veamos la formulación clásica de este ensayo, la que llevó a cabo Young en 1801 durante una reunión de la Royal Society.

Young hizo pasar una fuente de luz (solar o de una lámpara) por un pequeño agujero para conseguir un haz coherente y dirigido, que fue proyectado, a su vez, sobre una lámina opaca de unos 0,2 mm de ancho, con dos ranuras muy estrechas y próximas entre sí.

Cuando la luz pasaba por las dos ranuras (o rendijas), se comportaba como dos nuevas fuentes de luz, es decir, en cada rendija se generaba un nuevo frente de onda[36] que se superponía e interfería con el otro.

Para poder observar los resultados, se colocó también una pantalla que reflejaba cualquier interacción.

La conclusión fue que había un patrón de interferencia en el que existían zonas claras (correspondientes a la suma de ondas) y zonas oscuras (donde las ondas se anulaban).

El experimento de la doble rendija de Young fue decisivo para la historia de la física y un gran avance a la hora de comprender la luz y su naturaleza ondulatoria.

---

36 Lugar geométrico, ubicado en el medio en el que se propaga la onda, que une todos los puntos que, en un instante dado, se encuentran en el mismo estado de vibración, es decir, que tienen la misma fase.

Hasta ahora, sabemos que la luz se mueve a gran velocidad[37] y que necesita de un medio para propagarse[38] (sin entrar en su naturaleza corpuscular u ondulatoria, claro).

Las muchas incógnitas sin resolver sobre la luz parecen en cambio resolverse con la publicación de la teoría clásica del electromagnetismo, en 1865, por James Clerk Maxwell (si has estudiado física en el instituto, seguro que este nombre lo recuerdas). Maxwell fue un matemático y científico cuyo mayor logro fue unificar por primera vez la electricidad, el magnetismo y la luz como distintas partes de un mismo bloque.

En esta teoría queda aterrizada la naturaleza ondulatoria de la luz. Por un lado, sus ondas son definidas como ondas electromagnéticas, es decir, compuestas por la suma de un campo eléctrico y otro magnético. Esto implica que no necesitan de un medio para propagarse. Sin embargo, no fue hasta el experimento de Michelson-Morley, basado en la interferometría y que intentaba medir la velocidad de la Ttierra respecto al éter, que se descartó la existencia de este.

Por otro lado, la velocidad de la luz, que ya antes había sido medida curiosamente con bastante exactitud mediante eclipses de Júpiter (Rømer, en el siglo XVII), queda descrita a 299.792 km/s en el vacío; ya no se mueve a «gran

37 Recordemos que, según Newton, la luz está formada por pequeñas partículas a las que llamó «corpúsculos», que se desplazan en línea recta y a gran velocidad.

38 Pues, y según Huygens, la luz era un fenómeno ondulatorio que se iba transmitiendo a través del éter.

velocidad», sino que tenemos un ritmo definido y entendemos su porqué. Lo importante y revolucionario de esta teoría es que se pudo explicar con exactitud todos los fenómenos ópticos conocidos: la reflexión, la refracción, la difracción y la interferencia, sin presentar ninguna laguna.

Seguimos nuestro recorrido. Ahora nos adentramos, a principios del siglo XX, en **el efecto fotoeléctrico.**

Antes de ser publicado este efecto, Max Planck, físico fundador de la teoría cuántica (y que recibió el Premio Nobel de Física en 1918), introdujo un nuevo concepto al descubrir que la energía no es emitida ni absorbida de forma continua, sino en pequeñas cantidades: en «cuantos».

Imagina que el grifo de tu lavabo es una fuente de energía y que el agua que sale es la energía en sí misma. La concepción hasta la fecha era que, cada vez que producías (o absorbías) energía, se hacía de forma continua: abres el grifo y el agua cae sin interrupción. Lo que descubrió Planck es que, cuando abres el grifo, el agua solo sale a intervalos definidos y de forma alterna.

Las implicaciones que ha tenido la implementación de los cuantos van desde resolver el problema de la radiación del cuerpo negro hasta el desarrollo de la tecnología moderna (como la fibra óptica, láseres, led, etc.).

Ahora sí: el efecto fotoeléctrico[39] fue explicado teóricamente en 1905 por Einstein, científico revolucionario del siglo XX. Basándose en el trabajo de Max Planck sobre los cuantos de luz, Einstein explicó el fenómeno que se produce en ciertos materiales, que llegan a emitir electrones cuando esos materiales son iluminados por una luz de frecuencia lo suficientemente alta (visible de alta frecuencia o luz UV). Lo importante de este descubrimiento fue que iba en contra de lo que se esperaba.

Según la teoría ondulatoria de la luz, la energía de los electrones emitidos por el material debería depender de la intensidad de la luz incidente. En el efecto fotoeléctrico, se observa que la energía de estos electrones depende de la frecuencia de la luz, no de su intensidad, además de que no se emiten electrones si la frecuencia de la luz está por debajo de cierto umbral (aquí entran en juego los cuantos).

Con todo esto, Einstein propuso que la luz no solo tiene carácter ondulatorio, sino también corpuscular: existen partículas discretas de luz a las que denominó «fotones».

39 Albert Einstein fue galardonado con el Premio Nobel de Física en 1921 debido a este efecto.

Al final, después de un largo recorrido de obras e ideas, se llega a la conclusión de que la luz puede comportarse como onda y como partícula, dando la razón a todas las aportaciones que pretendían mantenerse a un lado (corpuscular) u otro (ondulatorio), concepto conocido como «dualidad onda-partícula».

Una vez conoces el recorrido necesario para llegar a la concepción actual de la luz, podemos pasar a lo verdaderamente divertido.

En el campo de la física, se define la luz como una forma de radiación electromagnética consistente en la unión de campos eléctricos y magnéticos que se propagan por el espacio (perpendiculares entre sí y a la dirección de propagación) a una velocidad finita (299.792 km/s en el vacío). Este tipo de radiación puede comportarse como una onda o como una *partícula* (fotón), reflejando así la dualidad onda-corpúsculo.

Ahora bien, si piensas en la luz únicamente como lo que puedes ver, estás cometiendo un grave error. La luz también es lo que hace que tu comida, por ejemplo, se caliente en el microondas o que te funcione la radio del coche.

Toda esta luz —que incluye también *la parte que no puedes ver*— se clasifica en el espectro electromagnético. Como su propio nombre indica, nos referimos a él como el conjunto de todos los tipos de radiación electromagnética.

Para que la organización no carezca de sentido, estas ondas se encuentran ordenadas según su **frecuencia** y su **longitud de onda,** características esenciales para definirlas, algo así como sus apellidos.

La frecuencia (*f*) es el número de ciclos completos que una onda realiza en un segundo, es decir, cuántas veces se repite un evento periódico en un tiempo determinado. Se mide generalmente en hercios (Hz), donde 1 Hz equivale a un ciclo por segundo. Está relacionada con la energía, según la teoría cuántica, por medio de la siguiente expresión:

$$\mathbf{E = h \cdot f.}$$

E: energía
h: constante de Planck (**6,623** · $\mathbf{10^{-34}}$ ***J · s***)
f: frecuencia

Como se puede observar, al ser la frecuencia directamente proporcional a la energía, cuanto mayor sea la frecuencia de una onda, mayor será la energía de esta.

En cambio, **la longitud de onda (λ)** es la distancia entre dos puntos correlativos en fase, como dos valles (mínimos) o dos crestas (máximos) consecutivos. Se mide en unidades de longitud. En este libro la trataremos en nanómetros (nm)[40] y queda definida y relacionada con la energía mediante:

---

40 10^{-9} metros.

$$E = \frac{h \cdot c}{\lambda}.$$

E*:* energía
h*:* constante de Planck (**6,626** · **10**$^{-34}$ ***J · s***)
c: velocidad de la luz
λ*:* longitud de onda

Si analizamos el espectro electromagnético paso a paso, y ordenamos las radiaciones de menor a mayor energía, tenemos:

Región del espectro	**Longitud de onda**	**Frecuencia**	**Energía**
Ondas de radio	>1 m	<300 MHz	<10^{-6} eV
Microondas	1 mm – 1 m	300 MHz – 300 GHz	10^{-6} eV – 10^{-3} eV
Infrarrojo (IR)	700 nm – 1 mm	300 GHz – 400 THz	10^{-3} eV – 1 eV
Luz visible	400 nm – 700 nm	400 THz – 700 THz	1,65 eV – 3,1 eV
Ultravioleta (UV)	10 nm – 400 nm	750 THz – 30 PHz	3,1 eV – 124 eV
Rayos X	0,01 nm – 10 nm	30 PHz – 30 EHz	124 eV – 1240000 eV
Rayos gamma	<0,01 nm	>30 EHz	>1240000 eV

Leyenda:
m = metro
nm = nanómetro (10^{-9} m)
Hz = hercio
MHz = megahercio (10^{6} Hz)
GHz = gigahercio (10^{9} Hz)
THz = terahercio (10^{12} Hz)
PHz = petahercio (10^{15} Hz)
EHz = exahercio (10^{18} Hz)

— **Radio:** usadas para las comunicaciones, como la radio que escuchas en el coche, los móviles e incluso radares y sistemas de navegación. También se producen naturalmente en fenómenos como los relámpagos. Las longitudes de onda características de la radio son enormes, tanto que pueden ir desde los 100 km hasta los 100 micrómetros.[41]
— **Microondas:** utilizadas para la tecnología radar y, por supuesto, para los hornos microondas (para que puedas comer en condiciones). De forma natural, las emiten objetos a alta temperatura, algo muy útil en la meteorología, por ejemplo. Las longitudes de onda de las microondas siguen siendo grandes (en comparación con el resto del espectro).
— **Infrarrojos (IR):** emitida por cualquier cuerpo cuya temperatura supere los 0 grados centígrados, es usada en mecanismos de visión nocturna y vigilancia.
— **Luz visible:** así se le llama a la única región del espectro electromagnético que tu ojo es capaz de percibir. Mira a tu alrededor: todo lo que ves pertenece solo a este rango del espectro.

Antes de continuar, hagamos un parón. Hay que tener en cuenta que las longitudes de ondas mayores están asociadas a menos energía (siendo las ondas de radio las menos energéticas del espectro) y viceversa. Es decir, cuanto más continúes leyendo, con más energía te irás encontrando. Un aspecto que destacar es que todo el grupo mencionado se

41 10^{-6} metros.

conoce como «radiación no ionizante», lo que significa, según la Organización Mundial de la Salud (OMS), que esas radiaciones no suponen ningún peligro para la sociedad, ya que la energía que las compone no es suficiente para producir alteraciones en el ADN. Lo que piensas es cierto: usar el móvil o quedarte mirando el microondas no supone ningún riesgo para ti.

Sigamos recorriendo el espectro electromagnético:

— **Ultravioleta (UV):** se le llama así ya porque, en el rango de luz visible, comienza justo después del color violeta (que es el más energético). Esta radiación se utiliza para esterilizar y desinfectar productos, pues es muy efectiva a la hora de acabar con microorganismos. También se utiliza en el tratamiento de afecciones de la piel como la psoriasis o el vitíligo y, cómo no, para broncearte (esto último nada recomendable).
— **Rayos X (R-X):** utilizados principalmente en medicina para tomar radiografías, es decir, imágenes del interior de nuestro cuerpo (el funcionamiento lo abordaremos en el capítulo de aplicaciones prácticas, el 6). Las longitudes de onda cada vez son menores con respecto a rangos anteriores, lo que significa que subimos de energía.
— **Rayos gamma:** esta radiación es generada de forma natural por procesos nucleares y subatómicos como, por ejemplo, la desintegración radiactiva de átomos o las explosiones estelares. El rango de longitud de onda es el más pequeño yendo de 0,01 nm a 1 picómetro (pm), con unas frecuencias oscilantes entre 10^{19} Hz y 10^{24} Hz.

En esta segunda y última parte del espectro tenemos la radiación ionizante, es decir, la que es perjudicial para la vida humana.

Haciendo el recorrido desde las ondas de radio, que son las menos energéticas, hasta los rayos gamma, los más energéticos, nos damos cuenta de la gran diversidad de tipos de luz que hay y de las aplicaciones que el desarrollo humano ha encontrado para sacarles el máximo partido.

Ahora que conocemos el espectro electromagnético, podemos centrarnos en lo tangible, algo que forma parte de nuestros sentidos: la luz visible.

Una de las principales formas de distinguir todo lo que nos rodea, o simplemente de diferenciar lo que nos gusta de lo que no, es el color.

A priori, podríamos pensar que el color forma parte de la física y que es una propiedad más, como lo son la temperatura o la masa, pero esto no funciona así. El color no es una propiedad intrínseca ni absoluta de los cuerpos, solo una percepción del cerebro humano resultante de la interacción de la luz con nuestros entornos, es decir, nada tiene color por sí mismo.

Pongamos un ejemplo. Estás en la playa comiéndote un aguacate. Por un lado, sabemos que la luz procedente del Sol es blanca, es decir, la suma de todos los colores que forman el rango visible de la luz (desde el rojo al violeta), o, dicho de otra forma, todas las longitudes de onda pertenecientes al rango visible. Por el otro, también sabemos que el aguacate está formado por átomos y que cada uno de ellos está compuesto por un núcleo (formado por protones y neutrones) y electrones dispuestos a su alrededor en distintos niveles energéticos.

Cuando la luz blanca llega a los electrones de tu aguacate, los excita, haciendo que se reflejen (es decir, emitiendo fotones) o que se absorban determinadas longitudes de onda. De esta forma, el color verde de tu comida se debe a que los átomos del aguacate, ante la luz del Sol, reflejan las longitudes de ondas pertenecientes al verde, y absorben todas las demás.

Además, un objeto es blanco cuando refleja casi todas las longitudes de onda de la luz visible y negro si hace lo contrario: absorberlas todas. Por eso se recomienda que, si vives en un lugar caluroso, pintes tu coche de blanco, ya que al reflejar la mayoría de la luz que recibe el calor también se disipará mucho más rápido.

Volviendo al ejemplo del aguacate, ¿qué pasaría si en lugar de estar comiéndotelo en la playa, bajo la luz solar, lo haces apuntándolo con una linterna ultravioleta? Exacto: cambiará de color y ya no será verde, aunque el proceso de emisión y absorción sea igual. Esto significa que el color, además de no ser una propiedad de los cuerpos, depende de la luz con la que los veamos y de la composición del objeto en cuestión.

El color es una propiedad de la luz y no de los cuerpos; estos no tienen color.

Una curiosidad sobre el color es que el rosa no existe; concretamente, el magenta. No, tu *top* rosa no es rosa.

Se sabe que entre los 400 nm y 700 nm coexisten todos los colores que vemos, lo que corresponde al rango de luz visible del espectro. Si te fijas en esta imagen, verás que falta el color favorito de muchas personas.

Lo del rosa no es una casualidad ni tampoco el apocalipsis: es el único color que no existe en el espectro, que no existe para la física. Solo lo vemos cuando nuestros ojos captan señales de azul y de rojo puros al mismo tiempo, y estas, al llegar a nuestro cerebro, crean ese fantástico color que nos alegra la vida.

Hasta aquí este breve repaso por la historia y la naturaleza dual de la luz, ondulatoria y corpuscular. Lo que vemos en nuestro entorno es fruto de un rango (400 nm - 700 nm) que solo representa a una pequeña parte de todo el espectro electromagnético. Además, gracias a que se ha llegado a entender el funcionamiento de la luz, se han podido desarrollar distintos campos tecnológicos que, hoy en día, son cruciales para nuestra supervivencia: desde una bombilla hasta la física médica, con dispositivos de detección para numerosas afecciones del cuerpo humano.

CAPÍTULO 5

Electromagnetismo

El **electromagnetismo** constituye una de las cuatro fuerzas o interacciones fundamentales[42] del universo, siendo estas:

— **Interacción nuclear fuerte:** es la más poderosa y actúa en el núcleo atómico, manteniendo unidos a los protones y los neutrones. Tiene un alcance muy pequeño, ya que solo actúa a distancias de aproximadamente 10^{-15} metros (el tamaño del núcleo atómico). De no existir, no se habrían consolidado estructuras moleculares complejas en el cosmos y, por lo tanto, ni yo habría escrito este libro ni tú estarías leyéndolo.

---

42 Aquella que no puede ser entendida ni explicada a partir de otras más básicas. Las fuerzas fundamentales son las cuatro piezas del puzle que conforma el universo.

— **Interacción electromagnética:** actúa en partículas cargadas, como, por ejemplo, electrones y protones, además de ser responsable de fenómenos como la luz, la electricidad y el magnetismo, que constituyen todo nuestro día a día. Esta interacción tiene un alcance infinito, aunque disminuye con la distancia. Gracias a ella han sido (y siguen siendo) posibles las reacciones biológicas que llenan de vida nuestro planeta.
— **Interacción nuclear débil:** es la responsable de las reacciones nucleares producidas en las estrellas, como nuestro Sol, además de algunos tipos de desintegraciones radiactivas. Actúa a distancias menores que el núcleo atómico (10^{-18} metros) y sin ella no podrías disfrutar de tus veranos tal y como lo haces ahora.
— **Interacción gravitatoria:** pese a ser la más débil de todas (aunque probablemente no lo habías pensado), tiene un alcance infinito. Es la responsable de que nuestro universo mantenga su estructura, los planetas puedan orbitar, las galaxias permanezcan estables, etc. Un claro factor para agradecerle es la existencia de las mareas, que hacen que las playas sean más divertidas.

La historia del electromagnetismo comienza hace aproximadamente dos mil años en la Antigua Grecia. Allí observaron de primera mano las propiedades eléctricas del ámbar,[43] que al ser frotado era capaz de atraer de forma *mágica* pequeños cuerpos. También constataron las propiedades magnéticas

43 Piedra semipreciosa de origen vegetal.

de algunas rocas ígneas,[44] capaces de atraer diminutos fragmentos de hierro: habla la leyenda del pastor Magnes, cuyos pies se quedaban pegados al caminar sobre ciertas rocas debido a las tachuelas de hierro que tenían sus zapatos.

Las investigaciones continuaron durante los siglos XVII y XVIII y a la lista de descubrimientos se añadieron estudios sobre el sistema magnético de la Tierra, el entendimiento de los relámpagos, la invención de la pila voltaica…

No obstante, el hito que revoluciona la comprensión de la interacción electromagnética tiene lugar a principios del siglo XIX, cuando Hans Christian Øersted encuentra la evidencia empírica de la relación entre los fenómenos eléctricos y los magnéticos, que hasta ese momento estaban separados.

Øersted fue un físico y químico danés un tanto peculiar. Siempre aprovechó su tiempo para asistir a conferencias, conocer a grandes científicos de la época y visitar fábricas, ya que claramente era un amante de la física experimental. Tras pasar un año formándose en París, regresa a Dinamarca en enero de 1804, donde se encuentra con la imposibilidad de dedicarse a la docencia de la física: había perdido su prestigio por ser un fiel apasionado de la filosofía natural.[45] Esto duró unos años, hasta que, finalmente, en el 1806, fue nombrado profesor de física de la Universidad de Copenhague.

44 Del latín *ignis*, 'fuego', son aquellas rocas que se forman cuando el magma se enfría y se solidifica. Presentan propiedades magnéticas.

45 Rama de la filosofía caracterizada por entender el origen y la constitución de los seres naturales.

El famoso descubrimiento del científico tiene un aire de espontaneidad, o al menos eso se piensa. En abril de 1820 Øersted se encontraba dando una conferencia de las suyas que, cabe recalcar, siempre tenían un marcado carácter experimental. En esa ocasión, el experimento constaba de una batería, un cable y una brújula. Notó que, cuando enganchaba el cable (a través del cual circulaba una corriente) a los bornes de la batería (polos positivo y negativo), la aguja de la brújula situada cerca, se desviaba del norte magnético, que es donde señalaba en estado normal.

La desviación fue mínima, tanto que el público no la percibió, pero fue suficiente para el científico.

Sorprendido e intrigado, Øersted no pudo conseguir explicación matemática inmediata para el suceso. Estuvo trabajando en ello durante tres meses completos (mientras hacía otros experimentos para contrastar) hasta que estuvo seguro de que «una corriente eléctrica podía producir un campo magnético», es decir, que dos campos que hasta el momento parecían desconocidos eran entonces familia.

Una década después, el famoso científico británico Michael Faraday no solo revoluciona la física del electromagnetismo, sino que realiza experimentos claves para el desarrollo de la tecnología eléctrica moderna.

Los generadores eléctricos de las plantas de energía renovable, las cocinas de inducción en las que haces tus guisos o incluso los cargadores inalámbricos son fruto del descubrimiento de la inducción electromagnética de Faraday en 1831. Un campo magnético variable, es decir, que está en movimiento (cuya magnitud o sentido varían con el tiempo), puede producir una corriente eléctrica en un conductor.

Veamos un ejemplo. Tienes en una mano un imán precioso y en la otra una bobina de alambre. Mientras no te muevas, no pasará absolutamente nada, más allá de que se te puedan cansar los brazos. Sin embargo, en el momento en que desplaces el imán hacia la bobina o lo alejes de ella se generará electricidad en el alambre. Así de *mágico* es el campo magnético: cuando se mueve, parece *empujar* a los electrones creando así corrientes eléctricas.

Cabe resaltar que Faraday hizo muchos otros aportes que tener en cuenta. Introdujo el concepto de «líneas de fuerza» para describir los campos eléctricos y magnéticos, que se desarrollarían teóricamente un poco más adelante. Ayudó al avance de la electroquímica,[46] formulando las leyes que describían la descomposición de las sustancias químicas por medio de corrientes eléctricas. También inventó uno de los primeros motores eléctricos, demostrando así que la electricidad podía convertirse en movimiento mecánico. Por último, descubre que la dirección de polarización de la luz rota en presencia de un campo magnético, asentando las primeras bases de la teoría electromagnética de la luz; pues revelaba una conexión entre la luz y el magnetismo.

46 Rama de la química que estudia la relación entre la electricidad y las reacciones químicas.

Continuamos hacia delante, hacia la luz al final del túnel, remontándonos a 1865 con la unificación de luz, electricidad y magnetismo como manifestaciones distintas de un mismo fenómeno, es decir, como distintas piezas de un mismo puzle: el campo electromagnético.

James Clerk Maxwell fue un matemático escocés que dedicó su vida al estudio de la luz, la electricidad y el magnetismo hasta desarrollar las muy conocidas por cualquier estudiante de física «ecuaciones de Maxwell».

Se trata de un conjunto de cuatro ecuaciones que Maxwell fue enunciando a lo largo de los años y gracias al progreso de los resultados experimentales.

Ley de Coulomb

¿Alguna vez has escuchado: «las cargas del mismo tipo se repelen» o «las cargas de distinto tipo se atraen»? Si es así, estás en lo correcto y es uno de los aspectos más interesantes de la ley de Coulomb.

Esta ley establece que la fuerza eléctrica que se da entre dos cargas depende de la cantidad de carga de cada una (a más carga, más fuerza) y de la distancia a la que se encuentren la una de la otra (a más proximidad, más fuerza). Muy intuitivo. Además, nos da información sobre si las cargas se unirán (+-, -+) o se separarán (++, --).

Cabe destacar que esta ley **resulta fundamental para comprender por qué los átomos se mantienen unidos, por qué se forman enlaces químicos e incluso para diseñar los dispositivos electrónicos actuales.**

Ley de Gauss (para el campo eléctrico y magnético)

Cuando estás en tu balcón y observas que las hojas de los árboles más cercanos se mueven, puedes intuir directamente que es porque hace viento, aunque no lo veas. Lo mismo pasa con el campo eléctrico/magnético.

La ley de Gauss es la herramienta que nos ayuda a entender estos campos permitiéndonos *ver* qué es lo que ocurre con las partículas cargadas, unas gafas especiales que te permitirían ver el viento, además de sentirlo.

Para el campo eléctrico, su principio se basa en que la cantidad de este que atraviesa una superficie cerrada está relacionada con la cantidad de carga eléctrica que hay dentro de esa superficie. O sea, si metes un electrón en un globo, el campo eléctrico que atraviesa las paredes del globo depende de la carga del electrón que tienes dentro.

La concepción del campo magnético es algo distinta. Cuando vemos el campo magnético en un imán, por ejemplo, se puede apreciar que hay un flujo de líneas que salen del polo norte y se dirigen hacia el polo sur. Estarás de acuerdo en que las líneas que entran son las mismas que las que salen, lo que se traduce en una suma neta de cero. Es por esto que la ley de Gauss para el campo magnético afirma que el flujo del campo a través de una superficie cerrada siempre será nulo.

Una curiosidad que se refuerza con esta ley es que los imanes siempre tendrán dos polos. Aunque los rompas por la mitad, siempre se generarán dos miniimanes con sus propios polos: norte y sur.

Ley de Faraday

La ley de Faraday afirma que se puede generar electricidad haciendo que el campo magnético que existe en los alrededores de un conductor varíe si la cantidad es neta. Además, es clave entender el concepto de flujo magnético para poder visualizar las implicaciones de esta ley.

Tienes un globo y una manguera. Hazte a la idea de que el campo magnético sería el agua que sale de la manguera, mientras que el flujo será la cantidad de agua que pasa a través de la boquilla del globo. De esta forma, cuanta más agua salga de la manguera más se inflará el globo y viceversa.

Extrapolándolo a la ley de Faraday, en el momento en el que cambias el flujo magnético que atraviesa un conductor, es decir, en el momento en el que cambias la cantidad de agua que entra en el globo (abriendo o cerrando el grifo de la manguera), se induce un voltaje que termina generando una corriente eléctrica.

Una de las aplicaciones más interesantes de esta ley son los cargadores inalámbricos, que producen un campo magnético oscilante (o cambiante) capaz de inducir una corriente en la bobina que se encuentra dentro de tu querido móvil, cargándolo de forma muy cómoda y sin la necesidad de cables.

Ley de Ampère-Maxwell

Acabas de leer que, desde un campo magnético cambiante, se puede inducir una corriente eléctrica. Gracias a la ley de

Ampère-Maxwell sabemos que esto también ocurre de forma inversa, es decir: a partir de un campo eléctrico cambiante se puede inducir un campo magnético. Este es el principio fundamental para entender cómo se generan las ondas electromagnéticas (luz). Veamos por qué.

Sabemos que, a partir de un campo eléctrico cambiante, con el tiempo, se genera otro campo magnético que también termina por cambiar. Pero no debes olvidar que este último (según la ley de Faraday) también produce un campo eléctrico cambiante, y así sucesivamente. A este fenómeno lo podríamos llamar «ciclo de autogeneración» y permite que los campos se propaguen juntos por el espacio, creando así las ondas electromagnéticas capaces de viajar por el vacío.

Una vez repasado el marco histórico de las contribuciones que dieron lugar al electromagnetismo que conocemos y usamos hoy en día, comienza el viaje más físico y apasionante: el que nos lleva hacia las profundidades de la teoría.

La palabra *campo* probablemente te sea familiar, ya que ha aparecido a lo largo de todo el capítulo. En física, se conoce como campo a la distribución en el espacio, y a veces en el tiempo, de una cantidad física. Esta puede tener distintos valores en cada punto de la región correspondiente.

Dependiendo de la naturaleza de la cantidad que tener en cuenta, los campos pueden ser **escalares, vectoriales** o **tensoriales.**

—En los **campos escalares,** a cada punto del espacio se le asigna un número. Un ejemplo es la temperatura. En cada punto del aire presente en una habitación, la temperatura puede ser distinta.

—Sin embargo, los **campos vectoriales** vienen definidos por vectores, es decir, por unas cantidades descritas por su magnitud (longitud) y por su dirección simultáneamente. El campo eléctrico es un buen ejemplo. Se describe la fuerza que sentiría una unidad de carga eléctrica en un punto concreto del espacio debido a la existencia de otras cargas.

—Finalmente, los **campos tensoriales** son descritos mediante tensores, objetos matemáticos complejos que sirven para explicar relaciones y propiedades que varían en distintas direcciones al mismo tiempo. Un ejemplo puede ser el campo de tensiones en sólidos, que expone cómo las fuerzas internas se encuentran distribuidas dentro de un material.

El factor de conocer cómo una propiedad física varía en el espacio y en el tiempo es esencial para comprender cómo se producen las interacciones entre fuerzas y partículas en el cosmos.

A continuación, nos centraremos uno a uno en los campos necesarios para entender su máximo exponente: el campo electromagnético.

Campo eléctrico

Llamaremos «campo eléctrico» a una determinada región del espacio donde una carga eléctrica experimenta una fuerza del mismo tipo.

Este campo se genera por una o varias cargas eléctricas y se puede definir como la fuerza que una carga positiva *de prueba* sentiría en cada punto del espacio.

Imagina que tienes una bolita, a la que llamaremos «carga eléctrica positiva» si es azul y «carga eléctrica negativa» si es roja. Esa carga no solo está ahí, sino que afecta al espacio que la rodea, aunque no lo puedas ver a simple vista. Si colocas otra bolita cerca de la que ya tienes ocurrirá lo siguiente: si son del mismo color, se repelerán, ya que tienen la misma carga; si son de colores distintos, se atraerán. Este efecto que tiene tu primera bolita sobre su entorno y las demás bolitas es lo que conocemos como campo eléctrico.

Los campos eléctricos se pueden *visualizar* o, más bien, *representar* mediante líneas de campo. Estas líneas salen de las cargas positivas y entran hacia las negativas.

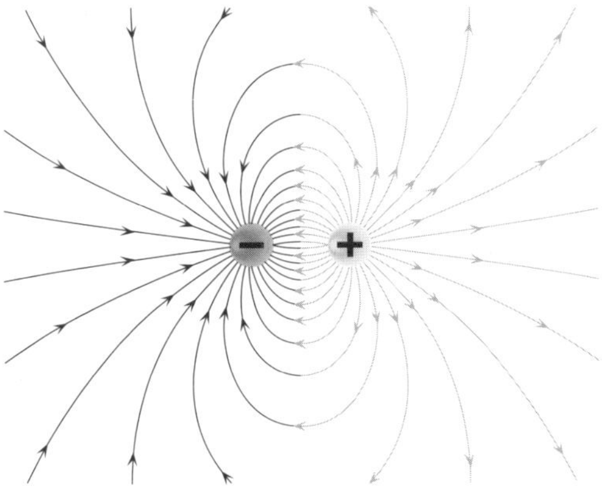

Además, cuanto más cerca estén entre sí, más intenso será el campo en esa región.

El campo eléctrico en un punto concreto se determina mediante la expresión:

$$\mathbf{E} = \frac{\mathbf{F}}{\mathbf{q}}.$$

E: campo eléctrico
F: fuerza eléctrica que actúa sobre una carga
q: magnitud de la carga que experimenta la fuerza

En esencia, la cantidad de fuerza por unidad de carga que actúa sobre una carga positiva *de prueba* en un punto dado.

Campo magnético

Lo verdaderamente interesante del **campo magnético** es que no tiene sentido (no existe) sin el campo eléctrico. Se puede definir como **una región del espacio en la que una carga en movimiento, es decir, una corriente eléctrica, experimenta una fuerza magnética.**

Para el campo eléctrico, el campo magnético es como el agua para la vida en la Tierra. No existiríamos sin agua y dependemos ampliamente de ella.

Para visualizarlo, usemos un ejemplo. Si sostuvieras un imán en tus manos y pudieses ver lo que ocurre en su entorno, observarías un conjunto de líneas que salen de uno de los extremos (el polo norte) para terminar entrando en el otro extremo (el polo sur). Estas líneas, las líneas de campo que anteriormente explicamos con el campo eléctrico, también se pueden usar en el campo magnético. De igual forma, cuanto más cerca estén las líneas entre sí, más fuerte será el campo magnético entre esos polos, y viceversa.

La expresión matemática para describir el campo magnético producido por una carga puntual que se encuentra en movimiento es esta:

$$\mathbf{B} = \frac{\mu_0}{4\pi} \cdot \frac{(\mathbf{q} \cdot \mathbf{v}) \times \mathbf{u_r}}{\mathbf{r}^2}.$$

B: campo magnético
μ_0: permeabilidad del vacío
v: velocidad de la carga
$\mathbf{u}_r$: vector unitario que va desde la carga en movimiento hasta el punto donde se mide el campo
r: distancia entre la carga y el punto de estudio

Campo electromagnético

Llegamos al corazón del capítulo con el resultado más apasionante (y el más amado por los físicos): la *unificación.*

Teniendo en cuenta que es una de las interacciones fundamentales más interesante y compleja porque constituye la base de muchos fenómenos que te rodean diariamente, como los *leds* de tu cuarto o el funcionamiento de tu móvil, que te acompaña a todos lados.

El **campo electromagnético,** como su propio nombre indica, **hace referencia a la combinación de dos campos: el campo eléctrico y el campo magnético.**

Como ya sabrás, el **campo eléctrico** se genera a partir de partículas cargadas, como pueden ser protones o electrones, y detalla la fuerza que esas cargas ejercen sobre otras de su entorno. En cambio, el **campo magnético** (que carece de sentido sin el campo eléctrico) se genera cuando esas mismas cargas se encuentran en movimiento, creando de esta forma no solo fuerzas que afectan a sus colindantes, sino también corrientes eléctricas en conductores que se encuentran cerca (lo que se conoce como «inducción»).

La clave es entender que las cargas eléctricas, al moverse, dan lugar a un campo magnético y que las variaciones en un campo eléctrico pueden inducir corrientes en un campo magnético. **Esta complicidad y reciprocidad es la base del electromagnetismo.** Ahora bien, ¿cómo se pueden generar los campos electromagnéticos? Fue una pregunta recurrente en mi cabeza por mucho tiempo.

Para ver el caso de las cargas eléctricas en movimiento, pongamos el ejemplo de un electrón viajando por un cable. La corriente que fluye mediante los cables de tu casa genera campos magnéticos a su alrededor, aunque no los puedas ver.

Luego, las corrientes alternas (AC), como las que se utilizan en la mayoría de los aparatos electrónicos, también producen campos eléctricos y magnéticos variables, lo que permite la generación de ondas electromagnéticas.

Una de las consecuencias más importantes del descubrimiento y desarrollo del campo electromagnético es el descubrimiento, a su vez, de las ondas electromagnéticas.[47]

47 Desarrolladas en profundidad en el capítulo 4.

Cuando una carga oscila,[48] genera un campo eléctrico variable, es decir, que cambia con el tiempo. Esto, a su vez, como de costumbre, genera un campo magnético también cambiante, y así sucesivamente. Este proceso, cuando tiene lugar **de manera repetida y sostenida**, hace que los campos se propaguen en forma de unas ondas que tienen la particularidad de no necesitar un medio para propagarse (a diferencia de las ondas de sonido, por ejemplo). Gracias a esto podemos ver el cielo estrellado, ya que la luz tiene la capacidad de viajar por el vacío durante miles y millones de años.

Algunos ejemplos claros de ondas electromagnéticas son la luz visible, el microondas, las ondas de radio, la radiación ultravioleta…, todas las presentes en el espectro electromagnético, en el que se encuentran ordenadas dependiendo de su frecuencia y longitud de onda.

Puede que te encuentres en el capítulo más teórico y denso del libro, pero no deja de ser superficial por lo compleja y enorme que es la estructura que conforma el electromagnetismo.

Una de las partes más bonitas de la física quizá sea sentir, percibir, pero no ver con tus ojos nada más que sus aplicaciones. Ahí es cuando eres consciente de la trascendencia de las cosas. Una *fuerza invisible* presente en todo el universo, como esta, es la que más nos facilita la vida tal y como la conocemos ahora. Cada vez que cargues tu móvil, enciendas la bombilla de tu cuarto para estudiar o, simplemente, abras el ordenador, recordarás el precioso recorrido histórico y el fascinante funcionamiento del electromagnetismo.

---

48 Movimiento hacia adelante y hacia atrás, como una vibración.

CAPÍTULO 6

Aplicaciones en la vida cotidiana

Superconductores: la magia eléctrica

Resistencia. Según la RAE: «Oposición, rebeldía, rechazo». Según la física: «Pérdida de energía, generación de calor».

Toda la electricidad que fluye por instalaciones eléctricas sufre una resistencia, esto es, pierde energía conforme va moviéndose, además de generar calor en su entorno. Igual que tú si corres una maratón.

En un conductor, como un cable de cobre (que son los que usamos normalmente), los electrones se mueven creando una corriente eléctrica. En esta *pasarela forzada* de la que los electrones no pueden escapar, van perdiendo energía a medida que chocan con los átomos que integran el material (en este caso, el cobre), lo que se traduce en la generación de calor. Porque, en física, el roce da calor.

En general, hemos aprendido a vivir con esta condición, pero ¿imaginas un mundo en el que no existiese la resistencia? ¿Un mundo en el que la corriente eléctrica no perdiese energía en forma de calor? Estamos más cerca de lo que piensas.

Los superconductores son materiales que, bajo ciertas condiciones, tienen el poder de conducir electricidad sin sufrir resistencia a cambio. El superconductor es la evolución del conductor. Esto implica que, una vez la corriente eléctrica pasa por él, lo hará indefinidamente sin necesidad de seguir alimentándola. Lo que viene a ser cargar el móvil una vez y no más.

En condiciones normales, los electrones viajan solos y colisionan con los átomos que conforman las paredes del material por el que se mueven, creando así *resistencia*. Cuando un material se vuelve superconductor, los electrones dejan de estar solteros y empiezan a formar unas parejas llamadas «pares de Cooper», capaces de fluir y continuar su camino por el interior del material suavemente y sin obstáculos.

El problema se centra en que, para que esto suceda, los superconductores deben permanecer a temperaturas muy bajas (cercanas al 0 absoluto[49]). Aunque las investigaciones marchan por el buen camino, detectando superconductores que trabajan a temperaturas no tan frías, los avances continúan siendo insuficientes para nuestros estándares cotidianos.

---

49 El cero absoluto hace referencia a 0 grados Kelvin, equivalente a -273,15 grados Celsius.

Otra de las inquietantes propiedades de los superconductores es que pueden levitar, como si fueran magos. Este fenómeno se conoce como «efecto Meissner» y se produce porque los superconductores expulsan de forma inmediata los campos magnéticos que los atraviesan. Así es como un superconductor puede levitar sobre un imán. Aunque suene a tecnología futurista, es apasionante conocer cómo, hoy en día, los superconductores levitantes se utilizan en algunos campos:

— ***Trenes de levitación magnética (Maglev).*** Ya activos en países como Japón, consiguen eliminar la fricción de las vías, logrando que los trenes alcancen velocidades mucho más altas que un tren normal y, lo más importante, haciéndolo con un menor consumo de energía.

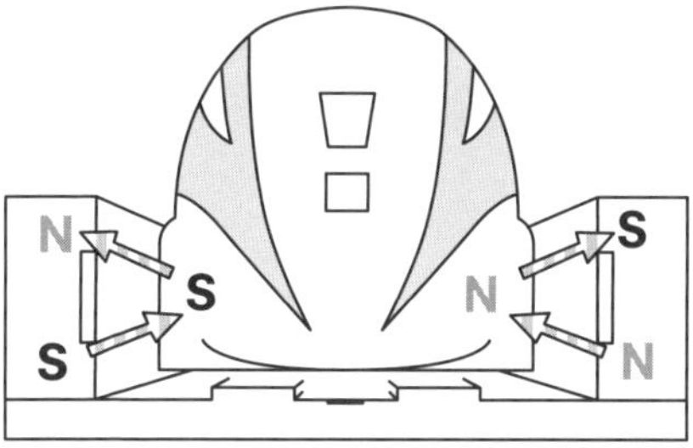

—*Aceleradores de partículas.* Los imanes superconductores actúan como guías de tráfico para las partículas, dirigiéndolas a un camino cerrado. Es la única forma de generar esos campos magnéticos tan intensos que hacen falta para llevar a cabo este tipo de experimentos.

—*Máquinas de Resonancia Magnética (MRI).* En este caso, los superconductores se utilizan para generar campos magnéticos grandes, fuertes y estables que consigan crear imágenes del interior del cuerpo humano sin necesidad de cirugía.

Es importante comprender la generalización: «los superconductores generan campos magnéticos». En sí mismos, no lo hacen, sino que, al ser capaces de conducir corriente eléctrica sin resistencia, se mantendrá de forma muy estable en un campo magnético creado por el flujo continuo de corriente.

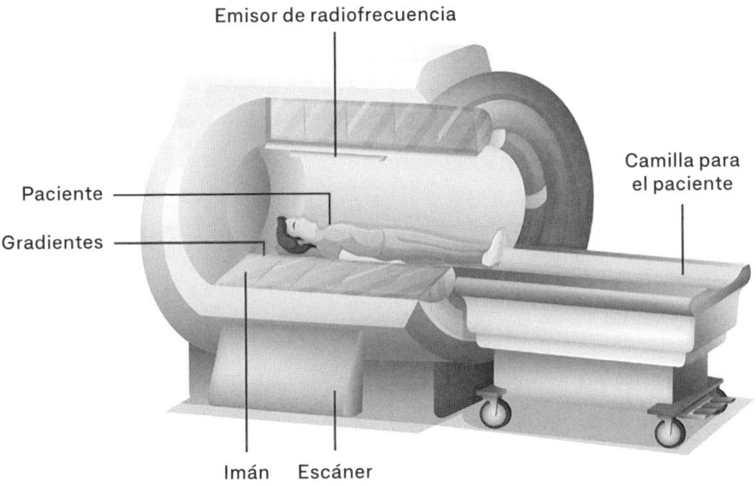

Las aplicaciones futuras las dejo a tu imaginación, teniendo en cuenta que el desarrollo de estos materiales optimizaría nuestra vida de forma exponencial.

Fibra óptica: la conexión infinita

Seguro que utilizas el servicio de videollamadas en el móvil y que alguna vez también lo has hecho con alguien que se encontraba bastante lejos de ti. Todo esto es, en gran parte, gracias al desarrollo de la fibra óptica, la forma más rápida que tenemos actualmente de transmitir información.

La fibra óptica consiste en un cable que transmite señales de luz en vez de eléctricas y que, en lugar de usar cobre u otros materiales como se hacía convencionalmente, la fibra óptica está formada por pequeños filamentos, finos y flexibles, de vidrio o de plástico, por donde puede circular la luz a gran velocidad. Para que te hagas una idea, cada filamento es del grosor de un cabello humano.

La fibra óptica está formada por dos capas, esencialmente:

— ***Núcleo,*** corresponde a la parte central del cable y es el lugar por donde viaja la luz. Está hecho de vidrio con un alto nivel de pureza.
— ***Cubierta.*** Envuelve el núcleo y tiene la misión de reflejar la luz para que vuelva a él, asegurando así que la luz no se escape a ningún lado.

Una vez conocemos su esqueleto, entramos en detalle en su funcionamiento, que se basa en un truco llamado «reflexión interna total». Para ello, usaremos el ejemplo de la videollamada.

La información que sale de tu móvil en forma de datos digitales (ceros y unos) llega al rúter y se convierte en pulsos de luz mediante láser o led; es decir, se traduce el código binario en pulsos de luz.

Aquí empieza lo apasionante: el viaje de estos pulsos. Hay que tener en cuenta que van dirigidos hacia el núcleo de la fibra óptica con un ángulo específico; esto es lo que asegura que se reflejen en las paredes y que no puedan escapar. Esto es lo que se conoce como «reflexión interna total». y permite que la luz rebote dentro (y a lo largo) del cable sin que pierda intensidad (ya que nada se escapa).

Al final de este viaje, los pulsos de luz llegan a un receptor que vuelve a actuar como traductor, pero esta vez inverso, pues convertirá la luz en una señal digital que tu móvil pueda interpretar.

Las cualidades de la fibra óptica frente a los cables de cobre tradicionales son claras. Por un lado, la rapidez, al permitirnos conducir datos a velocidades cercanas a la de la luz en el vacío. Por el otro, la capacidad, porque una sola fibra óptica (recuerda, del grosor de un pelo humano) puede transportar muchísimos más datos que un cable de cobre. Y, por último, el hecho de que los pulsos de luz no se vean afectados por interferencias electromagnéticas, lo que hace que la señal de nuestros dispositivos permanezca estable.

El mundo de la comunicación cambió con la aparición de la fibra óptica, abriendo las puertas a un futuro más conectado y eficiente. Recuerda esto cada vez que uses plataformas de *streaming* o internet a gran velocidad. **La información, a partir de ahora, son destellos de luz.**

AirDrop: compartir la vida sin cables

Vas de viaje con tu grupo y llega el momento de compartir todas las fotos que tenéis en común. Gracias al avance de la tecnología, este acto solo os tomará unos segundos, y podréis hacerlo sin cables ni infraestructura ninguna.

AirDrop es una función disponible en algunos dispositivos y que, como ya se ha mencionado, permite enviar cualquier tipo de archivo (fotografías, vídeos, documentos…) con el simple hecho de que los dispositivos involucrados se encuentren a una distancia próxima.

El mecanismo de AirDrop utiliza un mix de dos tecnologías: *bluetooth* y wifi, haciendo que el proceso sea rápido y eficiente (todo lo que queremos en nuestra vida).

Cuando activas AirDrop, inevitablemente se activa *bluetooth,* siendo este último el responsable de emitir señales de baja energía, en concreto, ondas de radio, que hacen que los dispositivos que se encuentran cerca puedan *verse* entre sí.

Una vez seleccionas las imágenes, el destinatario se pasará de usar *bluetooth* a wifi para enviar los archivos correspondientes. Lo hace mediante una conexión denominada «punto a punto» que permite enviar datos directamente de dispositivo a dispositivo (sin pasar por internet ni servidores) a velocidades muy superiores a las de *bluetooth.*

Además, antes de que la información se envíe, esta se *cifra,* se convierte en una *contraseña* que solo el receptor sabrá descifrar. De esta forma, se garantiza que los datos se transfieran de forma segura.

Existen algunas limitaciones como, por ejemplo, el rango de *bluetooth* que, al tener un corto alcance, hace que los dispositivos estén físicamente limitados a encontrarse cerca. En cambio, las ventajas en cuanto a comodidad, rapidez y seguridad son obvias.

La próxima vez que envíes fotos vacacionales por AirDrop recuerda la gran infraestructura oculta: seleccionas al receptor de tu mensaje por *bluetooth* y la transferencia se completa mediante wifi.

Arcoíris: descomponiendo el espectro

Quizá una de las leyendas más conocidas sobre los arcoíris es que, si consiguieses llegar al final de uno, encontrarías una olla llena de oro; todo un tesoro.

Según la física, un arcoíris no tiene final *físico* y, por ello, jamás podrás encontrar la olla, pero lo que sí tiene es un proceso de creación verdaderamente fascinante.

Antes de entrar en detalle, es necesario comprender que la luz que nos llega de nuestra estrella, el Sol, es blanca, lo que significa que está compuesta por la suma de muchos colores diferentes. Además, cuando la luz blanca atraviesa un medio, como el vidrio o el agua, esos colores dejan de estar unidos y se pueden separar, es decir, la velocidad de cada onda pasa a depender de su frecuencia. Este proceso se conoce como «dispersión».

Cuando llueve, se forman cientos de millones de gotas de agua en suspensión, formando parte de la atmósfera. Cuando un rayo de Sol entra en una gota de agua, se refracta, es decir, cambia de dirección al cambiar de medio (aire - agua), ya que la velocidad de propagación de la luz en el aire es distinta a la que tiene en el agua.

Una vez está dentro de la gota, el rayo inicial de luz blanca se descompone mediante la dispersión en los colores que lo integran: rojo, naranja, amarillo, verde, azul, índigo y violeta.

Algo curioso es que toda la luz que está dentro de la gota viaja hacia el lado opuesto de esta, reflejándose internamente para luego volver a salir a la superficie. Como habrás notado, otro cambio de medio (agua - aire) implica otra refracción, que ahora hará que los colores se amplifiquen, de tal forma que parezcan *más separados* a simple vista apreciar el arcoíris que, aunque se trate de uno entero, no deja de ser la suma de este proceso a través de cientos de millones de gotas de agua en suspensión.

El orden de los colores no es aleatorio y tiene un sentido. Siempre podrás apreciar al rojo como el primero (en la parte externa del arco) debido a que, al tener la mayor longitud de onda de todos los colores visibles, se refractará en un ángulo menor. Sin embargo, el último puesto (la parte interna del arco) es para el violeta que, por el contrario, presenta la longitud de onda más corta, por lo que se refractará en un ángulo mayor.

Una pregunta que quizás te hayas planteado en este momento es: «Si la luz viaja en línea recta, ¿por qué los arcoíris tienen forma de arco y no son rectilíneos?».

La respuesta es que el arcoíris ni tiene forma de arco ni es, como ya sabes, rectilíneo: es perfectamente circular.

Cada gota propaga la luz en todas las direcciones, pero solo los rayos pertenecientes a colores específicos, que salen en un ángulo de 42º, podrán formar un arcoíris visible para el espectador. Esto se debe a que, mediante este ángulo, se crea un cono de visión que llega a nuestra vista como un *arco* o un *semicírculo*. Es decir, el hecho de que desde nuestro punto de vista lo podamos apreciar como un arco se debe exclusivamente a la limitación que nos causa el horizonte en nuestro campo de visión. **Si pudieses contemplar este fenómeno desde un avión, podrías ver la maravilla circular.**

Cielo azul: la luz dispersa

El azul de una despejada mañana de verano, el color anaranjado del cielo en sus últimas horas de Sol, vistas inigualables que nos ofrece nuestro planeta, sin importar en qué parte de la Tierra te encuentres.

El motivo por el cual el cielo es azul depende exclusivamente de la interacción de la luz procedente del Sol con nuestra atmósfera.

Como ya se ha mencionado en este libro, la luz procedente del Sol es, realmente, luz blanca. Esto significa que está compuesta por la suma de todos los colores pertenecientes a luz visible: los colores del arcoíris. Cabe recordar que cada uno de ellos tiene su propia identidad, es decir, su propia longitud de onda.

A esto hay que sumar la dispersión, ese fenómeno que se da cuando coexisten muchas ondas con frecuencias idénticas o distintas entre sí. Las velocidades dependen de sus frecuencias. Esto hace que el conjunto de ondas, a medida que pasa el tiempo, podría atenuarse en términos de su intensidad. Así:

—***Azul y violeta*** corresponden a los colores más energéticos del espectro visible, lo que conlleva a una longitud de onda corta. Se dispersan fácilmente al atravesar medios como el aire.

—***Rojo y naranja*** son los colores menos energéticos del espectro visible, caracterizados por una longitud de onda larga. Son menos susceptibles a la dispersión.

Ahora bien, cuando la luz del Sol llega a la Tierra, se da cuenta de que debe comenzar una lucha de *choques* con las partículas en suspensión y las moléculas de aire que se encuentran en la atmósfera. Aquí es donde la luz empieza a dispersarse debido a tanta interacción, en un proceso conocido como «dispersión de Rayleigh».

Debido a que los colores más fáciles de dispersar son los más energéticos, el azul y el violeta, estos son los que definen el aspecto de nuestro cielo. El predominante es el azul, ya que nuestros ojos son menos sensibles a los colores violetas, que rozan las UV.

Hasta este momento ha quedado claro por qué el cielo de día es azul y no de otro color, pero ¿por qué al atardecer se vuelve rojizo?

Aplicando el mismo método, cuando el Sol se encuentra en el horizonte debe atravesar una capa de atmósfera más densa, quedando así el azul y el violeta totalmente dispersados antes de llegar a tus ojos y manteniéndose el rojo y naranja (que se dispersan más lentamente).

Amanecer, mediodía o atardecer, todos ellos están determinados por la longitud de onda de la luz y su posterior dispersión a medida que atraviesa la atmósfera.

Recuerda, el cielo azul es el predominante debido a la capacidad de ese color de dispersarse. Los tonos rojizos y anaranjados del atardecer son los restos después de que el azul se haya dispersado por completo antes de llegar a tus ojos.

Rayos X: explorando lo invisible

Cuenta todas las veces que has ido a hacerte una radiografía después de un golpe o un accidente (espero que no sean muchas). Aunque sea algo cotidiano, hasta el siglo XX era impensable que se pudiera ver cualquier parte de tu cuerpo para luego diagnosticar sin necesidad de cirugía. Aquí es donde se dan la mano la física y la medicina.

El proceso radiológico se basa en los rayos X que, como hemos tratado en capítulos anteriores, consiste en un tipo de radiación electromagnética más energética que la luz visible y que forma parte del conjunto de las radiaciones ionizantes.

Una de sus características principales es su corta longitud de onda, que va de 0,01 a 10 nanómetros. Para tener una comparación, la longitud de onda perteneciente a la luz visible va desde los 400 a los 700 nanómetros. Esa longitud tan corta es la que permite a los rayos X atravesar la piel y tejidos blandos a los que la luz visible, por ejemplo, no puede acceder. Si te pones una linterna en el brazo, la luz no saldrá nunca por el otro lado; si lo hicieses con una linterna de rayos X, sí.

Entramos en materia médica, y es que para crear una radiografía se necesitará, además de una máquina de rayos X que pueda generar esta radiación, un material que pueda quedarse con la imagen resultante. Veamos paso a paso su funcionamiento:

1. En primer lugar, la máquina emite un haz de rayos X dirigido a la zona que queremos observar.
2. Cuando ese haz atraviesa la zona seleccionada del cuerpo, comienza a interactuar de forma distinta con los diferentes tipos de tejidos que encuentra en su camino. En tejidos blandos, como músculos y órganos, los rayos X pasan como si de aire se tratase, mientras que, al llegar a los huesos, que presentan una mayor densidad, se quedan, en su mayoría, *atrapados,* lo que hace que sea esta parte del cuerpo la que absorbe la mayoría de la radiación.
3. Muy importante es que, para que el diagnóstico sea efectivo, se capture la *imagen* que generan estas interacciones. De esta forma, detrás del cuerpo del o de la paciente se coloca un detector, que recoge los rayos X que no han sido absorbidos.
4. Esto genera una imagen en escala de grises en la que las zonas oscuras representan a los tejidos blandos (ya que la mayo-

ría de radiación penetra sin problema y se escapa), mientras que las áreas más claras corresponden a huesos o estructuras densas (donde quedan atrapados la mayoría de los rayos).

Las radiografías, aparte de haber sido un gran avance en el campo de la medicina, constituyen una de las aplicaciones más interesantes de la física: hacer fotografías al cuerpo para ver su interior.

Placas solares: el poder de una estrella

Aprovechar la energía que nos llega del Sol para convertirla en más energía se ha convertido en una de las tecnologías más prometedoras en el campo de las renovables.

El funcionamiento de las placas solares se basa en el «efecto fotovoltaico», descubierto por el físico francés Alexandre-Edmond Becquerel en 1839. Este efecto explica cómo ciertos materiales son capaces de generar una corriente eléctrica cuando son expuestos a la luz.

Una placa solar está formada por una gran cantidad de celdas solares, que son pequeñas unidades fabricadas para captar luz y, posteriormente, generar electricidad. Principalmente, están compuestas por semiconductores como el silicio *(Si).*

Los semiconductores tienen propiedades especiales que pueden *modificarse* o *doparse,* de tal forma que conduzcan electricidad de una forma específica.

Imagínate que dopar al semiconductor es como someterlo a una hipnosis: puedes decirle cómo quieres que se comporte cuando lo dopas, es decir, cuando entra en un estado de trance.

Así conseguimos que las distintas capas de silicio que conforman las celdas solares se vayan convirtiendo en capas negativas y positivas.

Las capas negativas (tipo *n*) se consiguen al añadirle al semiconductor electrones extra. Estos no se encuentran fuertemente ligados a ningún átomo, por lo que pueden moverse libremente por el material.

En cambio, las capas positivas (tipo *p*) surgen al eliminar electrones de su estructura atómica. Al hacer esto, se crean *huecos*[50] en la capa.

Lo importante ocurre cuando estas capas se unen mediante la unión *p-n,* creando una especie de equilibrio en el que los electrones de la capa *n* y los huecos de la capa *p* se atraen para generar un campo eléctrico interno en la celda.

Esta energía, directamente generada por las celdas, viene en forma de corriente continua (CC), que puede usarse directamente o podrá, por lo general, convertirse en corriente alterna (CA) mediante inversores, para ser útil en las instalaciones eléctricas del hogar.

Hasta ahora, la máxima eficiencia que se ha conseguido fluctúa entre el 15 % y el 22 %, lo que significa que solo esta pequeña fracción de energía procedente del Sol es aprovechada mediante celdas solares. Pequeña, pero claramente útil. Además, sigue siendo material de estudio para la comunidad científica con el fin de alcanzar la máxima eficiencia posible en este tipo de energía, limpia y renovable.

50 Forma de hacer referencia al lugar donde antes se encontraba el electrón unido al átomo.

TERCERA PARTE

Lo que no puedes llegar a ver

γ

«El hecho más emocionante de la vida es que cada generación tiene que recrear el universo».

CECILIA PAYNE

CAPÍTULO 7

Teoría de la relatividad

Es curioso pensar que a finales del siglo XIX el campo de la física parecía estar casi completo, a falta de algunos *detalles.* La comunidad científica venía del electromagnetismo de Maxwell, teoría por la cual quedaban unificados todos los fenómenos eléctricos y magnéticos, y las leyes de Newton funcionaban a la perfección para describir el movimiento de los cuerpos en el universo.

Todo estaba calmado, todo brillaba en la época, hasta el punto de creer que solo eran necesarios unos ajustes para terminar de conocer el funcionamiento del cosmos al completo.

Como es común en el mundo científico, esta *tranquilidad* era tan solo la calma antes de una tormenta.

Nos remontamos a 1887, cuando se lleva a cabo el conocido experimento de Michelson-Morley. Este empezó siendo una prueba inofensiva y se terminó considerando uno de los experimentos más relevantes en la historia de la física.

Los científicos estadounidenses Albert Abraham Michelson[51] y Edward Morley decidieron plantear y realizar un experimento indirecto para poder detectar el éter: esa sustancia invisible que, ya en la época, se pensaba que constituía todo el espacio (llenándolo) y que, además, permitía que la luz se desplazase. Para ello, tenían que medir la velocidad de la luz en diferentes direcciones y ver si esta variaba. En el caso de que lo hiciera, el éter quedaría evidenciado: según ellos, la luz debería ir más rápida en una dirección y más lenta en la otra, debido al movimiento de nuestro planeta a través de dicha sustancia. Algo similar ocurre al generar ondas en un río lanzando una piedra: las ondas que se mueven en la dirección de la corriente se desplazan más rápido que las que lo hacen de manera perpendicular a ella.

Sin embargo, los resultados fueron, además de sorprendentes, nada esperados: **la velocidad de la luz era la misma en todas las direcciones, independientemente del movimiento de la Tierra.**

Este experimento sembró la duda entre los defensores de las teorías clásicas porque refutaba la mecánica de Newton,

51 Galardonado con el Premio Nobel de Física en 1907 por sus contribuciones a la teoría de la relatividad mediante el experimento realizado junto con Edward Morley.

que sí reconocía que la luz se movía a grandes velocidades,[52] pero siguiendo las leyes de la mecánica que él mismo había desarrollado.

Mientras todo esto ocurría, un joven físico llamado Albert Einstein comenzaba a trabajar en lo que en 1905 se publicaría como «teoría de la relatividad especial».

Intrínseco a esta teoría propone un giro total de la historia: la velocidad de la luz es una constante universal, y el tiempo y el espacio (lejos de ser absolutos) dependen del movimiento del observador.[53] Este planteamiento desafió la tan asentada mecánica de Newton, en la que el tiempo y el espacio se contemplaban como verdaderamente absolutos (iguales para todo el mundo).

Aquí no termina el choque de concepciones. Un poco más tarde, en 1915, Einstein presenta la teoría de la relatividad general, reescribiendo así la ley de la gravedad de Newton. Según esta última, la gravedad se define como una

52 Sin dar un valor específico a la velocidad de la luz, Newton creía que, al estar compuesta por corpúsculos, debía desplazarse como cualquier otra partícula. De esta forma, su velocidad dependía principalmente del medio en el que se propagaba.

53 Podemos entender como *observador* a una entidad o un punto de referencia a partir del cual se toman medidas físicas como tiempos, velocidades o distancias.

fuerza que actúa a distancia. Sin embargo, Einstein la entiende como una consecuencia de que la geometría del espaciotiempo se curve debido a la presencia de una masa. **El concepto «espaciotiempo» cambió para siempre nuestra visión de la realidad.**

Aunque la teoría de la relatividad especial y general fuera tan opuesta a todo lo que estaba ya asentado, no surgió de repente, sino que fue fruto de años y años de estudios y resultados de experimentos, que llevaron al científico Einstein a replantear el concepto que tenían hasta la fecha sobre el universo que nos contiene.

Antes de comenzar a desarrollar los postulados de la teoría, ya que son conceptos que van a aparecer a lo largo del capítulo, debes entender lo siguiente:

— **Un sistema de referencia inercial** es aquel en el que no hay aceleración, es decir, aquel que se mueve a velocidad constante o se encuentra en reposo. Aquí las leyes de la física se cumplen de forma *normal,* sin efectos adicionales causados por aceleraciones o fuerzas externas.
— **Un observador inercial** es aquella persona u objeto que se encuentra inmerso en un sistema de referencia inercial. Como el observador no experimenta aceleraciones, cualquier medición que haga seguirá las leyes de la física clásica.

Relatividad especial

¿Cuáles son las leyes que rigen el universo para todos los observadores, sin importar cómo se muevan?

De esta pregunta partió Einstein, influenciado claramente por la física clásica, para desarrollar el primer postulado: las leyes de la física son las mismas para todos los observadores inerciales, es decir, que se mueven a velocidad constante entre sí. Veamos un ejemplo.

Imagina que tenemos dos trenes iguales, tren A y tren B, moviéndose en paralelo, cada uno a velocidad constante (sin aceleración) pero distinta entre ellos. Cada tren tiene un pasajero en su interior a los que llamaremos observador A y observador B.

Ambos observadores llevan a cabo el mismo experimento: tienen el móvil en la mano y lo lanzan en línea recta hacia arriba, contando el tiempo que tarda el móvil en volver a sus respectivas manos. Este experimento es simple, solo intervienen las leyes físicas relativas a la gravedad y al movimiento del móvil.

Como los observadores se mueven a velocidad constante y sin aceleraciones, ni observador A ni observador B tiene forma de saber que se está moviendo. Al lanzar cada uno de ellos el móvil hacia arriba y ver que cae en sus manos, ambos llegarán a la conclusión de que están en reposo y los trenes no han salido todavía de la estación.

Esto significa que ambos observan que las leyes de la física se comportan de forma idéntica en tren A y tren B.

Sin embargo, cuando el observador A mira por la ventana y ve al observador B realizar el experimento, le parecerá que el móvil completa un movimiento en forma de parábola, pues existe una velocidad relativa constante entre ambos. ¿Han cambiado acaso las leyes de la física al pasar de un «observador inercial» a otro? La respuesta es que no, puesto que si el observador A quiere describir el movimiento de su móvil (arriba-abajo) o el del observador B (en forma de parábola), puede utilizar la misma ecuación fundamental; por ejemplo, la segunda ley de Newton ($F = m_{móvil}g$). En ambos casos, la aceleración será la de la gravedad apuntando hacia abajo.

Ahora cambiamos de perspectiva, ya que, para un observador que está de pie en la estación y mira los trenes A y B desde fuera, la situación cambia.

Desde su punto de vista, los móviles no tienen solo el movimiento hacia arriba y hacia abajo, como perciben los observadores A y B, sino que siguen una trayectoria en forma de arco no parabólico, avanzando en la dirección del tren mientras este se mueve.

Esto sucede porque, al estar acelerado, su sistema de referencia es no inercial, y para determinar el movimiento en arco de los móviles no puede utilizar la misma ecuación de movimiento: debe considerar una fuerza ficticia ($F = m_{móvil}g + f_{fict.}$).

Con este ejemplo podemos visualizar el hecho de que, para observadores que se mueven a la misma velocidad entre sí (observador A y B), las leyes de la física son las mismas. Y para observadores que se muevan a velocidades diferentes entre ellos, la descripción de las leyes observadas cambia (como el observador externo a los observadores A y B).

Otro de los pilares fundamentales de la relatividad especial lo constituye su segundo postulado, defendiendo que la velocidad de la luz en el vacío, de 299.792 km/s, es constante e igual para todos los observadores inerciales, independientemente de su velocidad relativa o de la velocidad de la fuente de luz.

Esto significa que un observador que se encuentre, por ejemplo, en movimiento rectilíneo a una velocidad constante y otro observador que esté en reposo medirán la misma velocidad de la luz.

El descubrimiento es sorprendente y contraintuitivo ya que, en nuestro día a día, **la velocidad de un objeto depende del movimiento del observador.** Por ejemplo, si estás en un coche que se mueve a 100 km/h y lanzas una pelota hacia delante a 20 km/h, alguien colocado fuera del coche verá la pelota moviéndose a 120 km/h (100 km/h + 20 km/h).

Con la luz, esta suma de velocidades no es válida. La velocidad de la luz es independiente del movimiento de la fuente de luz y del movimiento del observador, como si la velocidad de la pelota que viese el observador externo no dependiese ni del coche ni de la velocidad inicial con la que la pelota se hubiese lanzado.

Uno de los principios más llamativos de la relatividad especial, ya mencionado anteriormente, es que el tiempo y la distancia no son absolutos. Esto significa que dos observadores moviéndose a velocidades diferentes pueden medir tiempos y distancias de manera distinta y ambos estarán en lo cierto en sus propios sistemas de referencia.

Dilatación temporal

La dilatación del tiempo describe el fenómeno por el cual el tiempo transcurre más lento para un observador que se mueve a velocidades altas que para un observador que se mueve a velocidades bajas o que está en reposo.

Imagina ahora a dos personas: Alba, que está en la Tierra, y Andrea, que está en una nave espacial moviéndose a velocidades cercanas a las de la luz. Supongamos que ambas tienen relojes sincronizados y deciden ver cuánto tiempo pasa durante un viaje por el espacio.

Desde el punto de vista de Alba (en la Tierra), mientras el tiempo en su reloj transcurre con normalidad, puede observar que en el de Andrea parece avanzar más lentamente. Esto significa que, si el viaje de Andrea dura un año terrestre, su reloj mostrará que solo han pasado unos pocos meses.

En cambio, desde el punto de vista de Andrea (viajando en la nave), mientras el tiempo en su reloj transcurre con normalidad, puede observar que en el reloj de Alba avanza mucho más rápido.

La clave está en entender que, para el reloj que lleva cada una, desde sus respectivos sistemas de referencia (sus puntos de vista), el tiempo transcurrirá con normalidad: un segundo seguirá siendo un segundo. El cambio solo se podrá apreciar cuando se comparen ambos tiempos.

Este fenómeno ha sido comprobado experimentalmente con relojes atómicos incorporados en aviones y satélites, afirmando así que **el tiempo es claramente relativo y depende del movimiento del observador.**

Contracción de longitud

Según la idea de contracción de la longitud, los objetos moviéndose a velocidades cercanas a las de la luz parecerán acortarse en la dirección de su movimiento si son vistos desde un sistema de referencia moviéndose a bajas velocidades o esté en reposo.

Continuamos con el ejemplo de Alba y Andrea. Imagina que la nave espacial de Andrea mide 100 metros de largo cuando está en reposo, aparcada, en la Tierra.

Si Andrea viaja a una velocidad cercana a la de la luz, Alba, desde su punto de vista, en reposo, en la Tierra, verá que la nave se acorta en la dirección de su movimiento.

Suponemos que, según Alba, viendo la nave en movimiento, percibe que esta mide solo 50 metros en lugar de 100. Esto no implica que la nave haya encogido realmente, sino que, desde el sistema de referencia de Alba, la nave se ve más corta debido a la alta velocidad a la que se mueve.

Es importante recalcar que, para Andrea, la nave seguirá midiendo los mismos 100 metros que medía en reposo.

En esencia, en la relatividad especial, el tiempo y el espacio son relativos.

Dos observadores en movimiento relativo pueden medir diferentes tiempos y distancias para el mismo evento y ambos estarán en lo correcto en sus propios sistemas de referencia.

Simultaneidad

Podemos definir como simultáneo el evento que ocurre al mismo tiempo que otro. En la relatividad especial, este concepto es contrario al que experimentamos en nuestro día a día.

Dos eventos que son simultáneos, que ocurren al mismo tiempo para un observador, pueden no serlo para otro que se mueva a una velocidad diferente.

Imagina que estás en el centro de un tren en movimiento y observas que, desde tu posición, salen dos rayos de luz: uno que se dirige hacia el inicio del tren y otro que lo hace hacia el final. Para ti, estos dos eventos son simultáneos, ya que los rayos se generan y alcanzan sus respectivas posiciones a la vez.

Sin embargo, un observador en reposo que se encuentre fuera del tren podrá ver que uno de los rayos llega antes a la posición delantera o trasera (dependiendo de la dirección del movimiento del tren), por lo que concluirá que esos eventos no han sido simultáneos.

Finalmente, la ecuación más famosa de Einstein:

$$\mathbf{E = mc^2.}$$

E: energía

m: masa

c: velocidad de la luz en el vacío

Esta ecuación indica que la energía y la masa están relacionadas de forma fundamental en el universo, punto que la física clásica nunca había contemplado, ya que las consideraba cantidades independientes.

Cualquier objeto con masa tiene una energía asociada a esa masa, incluso si está en reposo.

Además, la ecuación expone que la masa puede transformarse en energía y viceversa. Esto ocurre en situaciones en las que se liberan o se absorben grandes cantidades de energía, por ejemplo:

— En una explosión nuclear, la masa del material nuclear antes de la explosión es mayor que las masas de los fragmentos después de la explosión, ya que parte de la masa se ha transformado en energía.
— De igual forma, cuando un cuerpo se mueve a velocidades muy altas, su masa aumenta ligeramente debido a su energía cinética (energía asociada al movimiento).

El factor c^2 que aparece en la ecuación, además de representar el límite de velocidad universal, indica que la relación entre masa y energía es extremadamente grande: una cantidad mínima de masa puede transformarse en una cantidad inmensa de energía.

No pasó mucho tiempo desde la formulación de la teoría de la relatividad especial en 1905 antes de que Einstein comenzara a plantearse cómo describir todo lo relacionado con fenómenos gravitatorios a partir de las ideas ya concebidas de la relatividad especial, una búsqueda de la unión gravitatoria relativista que concluiría después de ocho años.

Numerosos fallos fueron necesarios y, por supuesto, una larga investigación con el apoyo de varios científicos y científicas como Mileva Marić, Bernhard Riemann, Emmy Noether, Arthur Stanley Eddington… para que se pudiera presentar en 1915 en la Academia Prusiana de las Ciencias la ahora famosa teoría de la relatividad general.

Relatividad general

El concepto en el que se centra la relatividad general es que la gravedad no es una fuerza convencional, sino los efectos que produce una curvatura del tejido espaciotemporal causada por la presencia de masa y energía.

El espaciotiempo es un tejido *flexible* que conforma todo el cosmos. Una forma de visualizarlo es imaginándolo como una tela elástica tensa. Si sobre ella colocamos canicas, es fácil observar que, dependiendo de sus respectivos pesos, la tela se *hundirá* más o menos. Cuanto más pesada sea la masa, más se hundirá la tela, y cuanto más ligera es la masa, menos se hunde la tela.

Otro aspecto a tener en cuenta en este ejemplo es que, si colocamos una canica bastante pesada en el centro y luego arrojamos otras canicas más pequeñas, estas formarán una especie de órbitas, de manera que comenzarán a rodear el cuerpo central hasta acabar inmersas en él. Esto ocurre debido a la curvatura de la tela, no a que exista una fuerza directa que las una.

Algo similar ocurre en el espacio, siendo esta curvatura la que determina cómo se moverán los objetos celestes y la luz.

El ejemplo anterior puede servir para entender el sistema solar. Los planetas orbitan alrededor del Sol porque siguen las *líneas curvas* del espaciotiempo alrededor de él, no porque haya una fuerza invisible que *tire* de ellos hacia nuestra estrella.

Esencialmente, la gravedad ya no es una fuerza, sino una deformación espaciotemporal causada por la presencia de masas, aunque, a pequeñas escalas, la formulación de Newton sigue siendo válida como aproximación a velocidades bajas dentro del contexto de la relatividad general.

Einstein propuso también una idea fundamental conocida como «principio de equivalencia», la cual calificó como: «La idea más feliz de mi vida». Este principio establece que los efectos de la gravedad y la aceleración son indistinguibles. Veámoslo con otro ejemplo.

Imagina que estás en un ascensor. Si este se encuentra en caída libre dentro de un campo gravitatorio, experimentarás una *ingravidez* similar a la del espacio exterior, es decir, en este caso no podrías distinguir si te encuentras en caída libre dentro de un campo gravitatorio o si, por el contrario, estás en un entorno sin gravedad.

De otra forma, si estás en este mismo ascensor en el espacio exterior, es decir, sin gravedad, y el ascensor comienza a acelerar hacia arriba, sentirás una fuerza hacia el suelo similar a la gravedad que experimentas en la Tierra.

Con todo esto *podemos* afirmar que la gravedad y la aceleración *pueden* causarnos efectos idénticos.

La relatividad general no solo proporcionó una explicación nueva y diferente para la gravedad, sino que además hizo predicciones preciosas que han sido confirmadas experimentalmente.

En este libro nos centraremos en una de las predicciones teóricas de la relatividad general más fascinantes: **los agujeros negros.**

Aunque Einstein no estaba convencido de que existieran realmente, las ecuaciones que se formulaban en su teoría indicaban la posibilidad de que hubiera regiones en el espacio donde la curvatura espaciotemporal fuese tan extrema que absolutamente nada pudiera escapar de ellas.

Poco después de la publicación de esta teoría, el físico alemán Karl Schwarzschild encuentra una solución específica de las ecuaciones de Einstein que muestra que, si la masa de un objeto se concentra en un volumen lo suficientemente pequeño, este genera una curvatura en el espaciotiempo tan intensa que crea una región *sin salida,* lo que hoy conocemos como agujero negro.

Dato curioso

¿Sabes que puedes calcular el radio que necesitarías tener para convertirte en un agujero negro? Según la siguiente expresión de Schwarzschild puedes calcular en casa el radio que debería tener cualquier cuerpo que te rodee, incluso el tuyo, para convertirse en un agujero negro. Y lo más importante, solo necesitas conocer su masa:

$$\mathbf{r_s} = \frac{\mathbf{2GM}}{\mathbf{c^2}}.$$

G: constante gravitatoria
M: masa del objeto
c: velocidad de la luz

Las características de estos monstruos del cosmos se resumen en:

— **Horizonte de sucesos/eventos.** Es la *frontera* del agujero negro, es decir, el punto de no retorno. Es un límite a partir del cual nada puede escapar del agujero debido a la intensa atracción gravitatoria causada por la inmensa curvatura del espaciotiempo en ese punto.
— **Singularidad.** Es el centro del agujero negro, un punto donde la densidad y la curvatura se vuelven infinitas. Aquí las leyes de la física tal y como las conocemos dejan de funcionar. Sigue siendo un gran enigma hoy en día.

A pesar de que las matemáticas de la relatividad general permitían la existencia de agujeros negros, la idea de un objeto tan extremadamente denso y con una atracción gravitatoria tan fuerte fue vista inicialmente como una curiosidad matemática más que como una realidad física.

Pasaron años de experimentación hasta que hace relativamente poco, en 2015, el experimento LIGO detectó ondas gravitacionales procedentes de la fusión de dos agujeros negros, confirmando así de forma directa la existencia de estos objetos.

Tanto es así que en el centro de la galaxia en la que vivimos, la Vía Láctea, también hay uno. Este descubrimiento fue galardonado en 2020 con el Nobel de Física, que se les otorgó a los grupos de investigación de la astrónoma estadounidense Andrea Mia Ghez y del astrofísico alemán Reinhard Genzel.

Nuestro compañero se llama Sagitario A* y se trata de un agujero negro supermasivo que se encuentra a aproximadamente 26.000 años luz de la Tierra, con una masa de unas cuatro millones de veces la del Sol.

Aunque las cifras puedan asustar, a estos eventos, que anteriormente han sido denominados *monstruos,* no hay por qué temerlos.

Otro dato curioso es que, si en el lugar que ocupa el Sol colocásemos un agujero negro de una masa solar, y por tanto con un radio muy pequeño, las órbitas de todos los planetas y cuerpos pertenecientes al sistema solar quedarían intactas.

Esto quiere decir que los agujeros negros están lejos de ser aspiradoras espaciales. La única diferencia con otros eventos del cosmos es que los agujeros negros se manifiestan de formas extremadamente masivas, y tienen tales atracciones gravitatorias que, *a priori,* podrían hasta ser la consecuencia de que las galaxias en cuyo centro se encuentran permanezcan estables por miles de millones de años.

Sin duda, lo más preciado de la ciencia y también de la vida es el progreso, y este siempre vendrá acompañado de preguntas. La importancia de hacerse preguntas y la capacidad de abstraerse de lo ya concebido es el secreto del avance.

En este capítulo has podido observar cómo una teoría válida durante decenas de años es *reemplazada* por una teoría ya no solo actualizada, sino completamente distinta y contraintuitiva.

Los avances relacionados con estos descubrimientos son esenciales para el desarrollo humano y de la vida, aunque creas que nada tienes que ver con un agujero negro, por ejemplo. Entender versiones de la ciencia que desafían tus capacidades puede convertirse en un reto, además de en un largo y bonito proceso.

Que «las preguntas nunca son tontas» es algo que siempre me gusta recalcar. **A partir de ahora, plantéate preguntas sobre el mundo que te rodea e intenta entender los procesos de tu entorno para así captar la magia de la vida en este universo, en principio, infinito.**

CAPÍTULO 8

Cosmología

El inicio de todos los tiempos: ¿el *big bang*? El punto en el que, a lo largo de la historia, parecen encontrarse ciencia, fe y ficción. La gran pregunta que a todas las personas les ha rondado el pensamiento alguna vez: ¿quién creó el universo? ¿Y cómo lo hizo?

En este capítulo nos adentraremos en un modelo actual que sostiene la creación del cosmos, conocido formalmente como modelo LCDM por sus siglas en inglés (Lambda Cold Dark Matter).

En esta teoría estándar en el campo de la cosmología[54] se unen la idea del *big bang* con los descubrimientos recientes sobre energía y materia oscura para describir la evolución y la consecuente estructura del universo.

54 Rama de la física que estudia el origen, la estructura y la evolución del universo en su totalidad.

¿Qué es el *big bang*?

Modelo científico que describe el origen y la evolución del universo observable, según el cual este se formó a partir de una singularidad inicial y, desde ese instante, ha estado en expansión continua.

Cabe destacar que, aunque el nombre pueda inducir a ello, *big bang* en ningún momento hace referencia a una explosión, sino a una expansión del propio espacio.

¿Qué es el modelo LCDM?

Modelo actual que surge del refinamiento del *big bang*. En primer lugar, añade el concepto de energía oscura (L), que representa aproximadamente el 70 % de todo el universo y es el responsable de la expansión acelerada. También contempla la materia oscura fría (CDM), que es una materia no bariónica[55] cuya presencia es fundamental para el esqueleto cósmico, algo así como un *andamio* gravitacional en el cual se formaron, y se forman, galaxias y cúmulos. Actualmente constituye aproximadamente el 25 % del universo.

55 La materia bariónica está compuesta por protones, neutrones y electrones u otras partículas del modelo estándar, es decir, es la materia *normal* que forma todo lo que podemos ver en el universo. Corresponde al 5 % de este, aproximadamente.

Energía oscura (L)

En el momento en el que escribo este libro, la energía oscura es solo el nombre atribuido a *algo* que hace que el universo se expanda aceleradamente y, además, se estima que corresponde a entre el 68,3 % y el 70 % del cosmos.

Existen muchas ideas sobre lo que podría ser, veamos cuatro de ellas (recuerda que es posible que sea algo completamente distinto):

Energía del vacío

La energía oscura podría estar relacionada con la energía del vacío, energía fundamental que se encuentra en todo el espacio y que podría corresponder a la constante cosmológica introducida por Einstein en su teoría de la relatividad general. Originalmente, el científico propuso dicha constante para que la gravedad se viese *contrarrestada* y poder así describir un universo estático (una creencia extendida de su época). Más tarde, la descartó cuando el astrónomo estadounidense Edwin Hubble demostró que el cosmos estaba en expansión, y Einstein pasó a referirse a esta constante como «el mayor error de mi vida». Algunos científicos creen que la constante cosmológica podría tener un valor distinto de cero, estando asociada a la energía del vacío.

Según la teoría cuántica de campos, la energía del vacío consiste en entender que el vacío no está realmente *vacío,* sino que está compuesto de pares de partículas y antipartículas que se aniquilan y desaparecen constantemente.

Este fenómeno podría explicar cómo la energía del vacío impulsa la expansión del universo, sin embargo, algunos cálculos teóricos en el campo de la electrodinámica cuántica[56] demuestran que esta debería haber tenido tanta fuerza (para conseguir la aceleración) que no podrían haberse formado estrellas ni galaxias, es decir, nada se podría haber *juntado.*

Esta discrepancia —el problema de la constante cosmológica— sigue siendo una incógnita sin resolver en cosmología.

La quintaesencia

Esta hipótesis sugiere que la energía oscura podría ser algún tipo de fluido que llena el espacio y que se comporta de forma contraria a la materia ordinaria.

A diferencia de la constante cosmológica, que tomamos como algo fijo, como su propio nombre indica, la quintaesencia podría variar en cantidad y distribución a lo largo del tiempo y el espacio.

Aunque algunos científicos han propuesto que este *fluido* podría combinar aspectos de la materia oscura y de la energía oscura, actualmente se considera que son fenómenos separados.

---

56 Teoría cuántica de campos que describe cómo interactúa la luz con las partículas cargadas a través del electromagnetismo.

Arrugas en el espacio

Otra parte de la comunidad científica propone que la energía oscura podría ser un *defecto* del tejido espaciotemporal: algún tipo de arruga unidimensional que fue formada en el universo primitivo.

Defecto en la relatividad general

La última propuesta considera que la energía oscura no es una entidad física que podamos observar o medir directamente.

En lugar de eso, esta teoría considera que el problema podría residir en nuestra comprensión de la gravedad y en cómo funciona la teoría de la relatividad de Einstein a escalas cósmicas.

De esta forma, sería necesario reescribir la relatividad con la finalidad de eliminar la existencia de la energía oscura.

Un primer acercamiento lo tuvo el propio Albert Einstein en el año 1919 con el nombre de «gravedad unimodular».

Esta teoría como versión *previa* de la teoría de la relatividad general podría aceptar la expansión acelerada del universo sin recurrir a la energía oscura.

Aunque la existencia o procedencia de esta todavía se cuestione, si hay algo claro es que la expansión del universo no tiene nada que ver con la energía oscura, pero la aceleración sí.

Materia oscura (CDM)

En la década de los setenta, la astrónoma estadounidense Vera Rubin se encontraba estudiando el movimiento de las estrellas en nuestra galaxia. Según la teoría de la evolución estelar, los centros galácticos deben albergar más masa y, por lo tanto, girar más rápido que las partes externas de las galaxias.

Pero lo que ella descubrió fue lo contrario: se dio cuenta de que, en nuestra galaxia, la velocidad aumentaba conforme nos íbamos alejando del núcleo. Esto solo podía significar una cosa: **había algo que no estábamos viendo.**

Como se puede deducir, este tipo de materia no está compuesta por materia bariónica y no responde a ningún tipo de interacción (de las que hoy conocemos) que no sea gravitacional, de ahí la gran dificultad de medirla directamente. También sabemos que es fría, es decir, que no se mueve a velocidades relativistas (altas) y que es neutra eléctricamente, ya que, de lo contrario, emitiría algún tipo de radiación.

A día de hoy, sabemos que constituye el 25 % del universo y la prueba más sólida de su existencia ha sido la proporcionada por Vera Rubin.

A continuación, haremos un breve recorrido histórico con el fin de comprender los procesos necesarios para el desarrollo de la cosmología actual.

Una de las claves que nos acercaron al entendimiento de nuestros inicios la tuvo Henrietta Swan Leavitt, astrónoma estadounidense que cambió la manera de observar el universo. Ella estudió las estrellas cefeidas, cuya luminosidad varía regularmente con el tiempo, es decir, la estrella se vuelve más brillante, luego más tenue y luego vuelve a ser brillante en un ciclo que se repite. Este descubrimiento permitió calcular la distancia que nos separaba de estas estrellas que se encontraban en galaxias lejanas, proporcionándonos una herramienta espectacular para medir el universo.

En cambio, el astrónomo Vesto Slipher, mediante el uso de un espectrógrafo, pudo contemplar el desplazamiento al rojo en galaxias distantes. Esto significaba que la luz procedente de ellas se *estira* hacia longitudes de onda más largas (o menos energéticas). En otras palabras, **las galaxias se estaban alejando de nosotros.**

Hasta entonces se pensaba que el universo era estático, inmóvil. Alexander Friedmann en 1922 y Georges Lemaître en 1927, basándose en la relatividad general de Einstein y teniendo en cuenta las pruebas experimentales sobre el desplazamiento al rojo de las galaxias, terminaron por confirmar que, lejos de ser estático, el universo era completamente dinámico.

Un poco más tarde, en 1929, Hubble descubre algo muy interesante. Las galaxias se alejan de nosotros, pero, cuanto más lejos están, más rápido lo hacen, quedando claro de esta forma que el cosmos estaba en continua expansión.

Dicha observación fue decisiva para la teoría del *big bang*, ya que implicaba que el universo estaba en expansión o, en otras palabras: **si el universo se está expandiendo ahora es porque en el pasado debe de haber estado más concentrado,** concluyendo así la teoría con un principio extremadamente caliente y denso.

Hasta finales del siglo XX, la comunidad científica asumía que los efectos gravitacionales debidos a la presencia de materia, antimateria y radiación residual del *big bang* estarían frenando, cada vez más, la expansión del universo. Sin embargo, en 1998, unos estudios liderados por Adam Riess, Saul Perlmutter y Brian Schmidt encontraron algo sorprendente. Las explosiones de supernovas de tipo Ia[57] en galaxias distantes eran más tenues de lo esperado, lo que indicaba que estaban más lejos de lo previsto. Esto nos dio una nueva pista: el universo no solo se estaba expandiendo, sino que lo hacía de forma acelerada.

57 Tipo de supernova (explosión estelar) con una luminosidad máxima consistente, convirtiéndolas así en *velas* útiles para medir distancias cósmicas.

Comenzamos por el inicio de todos los tiempos, hace aproximadamente 13.800 millones de años, con la *singularidad inicial.*

Este concepto es fundamental en la teoría del *big bang* y se refiere al estado en el que el universo comenzó, el punto en el cual toda la energía, la materia y el espacio en sí estaban comprimidos en un volumen inmensamente pequeño.

En este estado, la densidad y la temperatura del universo serían (virtualmente) infinitas. Además, las cuatro fuerzas o interacciones fundamentales estarían unificadas en una sola fuerza.

En esta situación de singularidad, los conceptos tradicionales de *espacio* y *tiempo,* sumados a las leyes de la física, dejan de entenderse debido a las condiciones extremas presentes. **Recordemos que nuestra física no funciona en la singularidad.**

Ya conociendo el estado del comienzo, el punto del que tanto se cuestiona, ¿cómo fue evolucionando todo hasta formar lo que hoy día conocemos?

Eras del universo según el modelo LCDM

La historia del universo puede construirse a partir de *eras* que marcan *hitos clave* en su propia evolución, yendo desde la singularidad inicial hasta la formación de estructuras cósmicas complejas.

Supongamos que existe un *reloj del todo* que comienza a avanzar justo cuando el universo nace.

Era de Planck (0 a 10^{-43} segundos)

Esta etapa es especialmente difícil de describir y entender, ya que no tenemos ninguna teoría que describa con precisión las condiciones del universo en esos ínfimos instantes después del *big bang*.

El tiempo de Planck (10^{-43} segundos), de ahí el nombre de la era, representa el intervalo de tiempo más pequeño que podría tener un significado físico en nuestras teorías actuales. Marca el límite hasta el cual podemos entender el estado del universo, y cualquier evento anterior al tiempo de Planck se encuentra fuera de las capacidades actuales, incluso el mismo tiempo de Planck admite teorías especulativas.

Es por esto que hoy la pregunta «¿qué había antes del *big bang*?» carece de sentido.

En esta etapa, se piensa que el universo comenzó desde una singularidad inicial, donde la densidad de materia, la energía y la temperatura eran infinitamente altas a la vez que se encontraban en un volumen infinitesimalmente pequeño.

Todo el cosmos concentrado en un *punto.*

La imposibilidad, como se ha mencionado al principio, para describir con precisión esta etapa se resume en que es necesaria una teoría de gravedad cuántica que unifique la relatividad general con la mecánica cuántica. Existen teorías en desarrollo que intentan explicar esta fase, como la teoría de cuerdas o la gravedad cuántica de bucles, pero siguen sin estar completamente comprobadas ni aceptadas.

Era de la gran unificación (10^{-43} a 10^{-35} segundos)

En los primeros instantes del universo, se estima que todas las interacciones fundamentales (gravedad,[58] electromagnetismo,[59] fuerza nuclear fuerte[60] y fuerza nuclear débil[61]) estaban unificadas en una sola.

Venimos de un entorno extremadamente caliente y energético en el que las partículas elementales y sus correspondientes antipartículas se creaban y destruían continuamente. El universo era un caldo caliente de partículas y antipartículas. Esta aniquilación propia que se da cuando una partícula, por ejemplo, un quark, se *encuentra* con su correspondiente antipartícula, un *antiquark,* libera energía en forma de fotones o transformándose en nuevas partículas.

Aproximadamente pasados 10^{-43} segundos (en el tiempo de Planck) la gravedad se separó de las demás interacciones. Esto marca la primera división de interacciones fundamentales. Por un lado, la gravedad y, por el otro, la

58 Es la responsable de la atracción entre objetos con masa o energía. No tiene partícula mediadora (o, al menos, no ha sido descubierta).

59 Es la responsable de fenómenos como el magnetismo, la electricidad y la luz. Actúa sobre partículas cargadas. Su partícula mediadora es el fotón (partícula de luz).

60 Es la responsable de mantener unidos los núcleos atómicos. Su partícula mediadora es el gluon.

61 Es la responsable de ciertos procesos de desintegración y clave para las reacciones nucleares que ocurren en las estrellas. Su partícula mediadora es el bosón W.

electronuclear, compuesta por electromagnetismo además de nucleares fuertes y débiles.

Más tarde, cerca de 10^{-35} segundos, a medida que el universo comienza a expandirse y a enfriarse drásticamente, la fuerza fuerte también decide separarse de la electronuclear, dejando así al electromagnetismo y a la nuclear débil unidas en la llamada interacción *electrodébil.* Esta separación fue necesaria para que se diesen las condiciones óptimas para la formación de partículas que luego se convertirían en átomos.

De esta manera, al disminuir la temperatura, también se redujo la energía del entorno, haciendo que los eventos de creación y aniquilación de partículas mencionados anteriormente fueran menos habituales. Esto condujo a que las partículas elementales pudiesen permanecer estables por periodos más largos.

Un dato crucial en esta era es que, como podrás imaginar (y es por eso mismo por lo que yo estoy escribiendo este libro y tú lo estás leyendo), no existía un equilibrio perfecto entre materia y antimateria. Teóricamente, si estas cantidades fuesen iguales, todas las partículas y antipartículas correspondientes se habrían aniquilado entre sí, y el que es nuestro hogar no sería más que un sitio repleto de radiación sin partículas estables. El proceso por el cual existió un ligero exceso de materia sobre la antimateria todavía no lo conocemos, pero es gracias a él que todo lo que nos rodea puede existir.

Era de la inflación cósmica (10^{-35} a 10^{-32} segundos)

Con *inflación cósmica* nos referimos a una expansión extremadamente rápida del tejido espaciotemporal en la que el universo aumentó su tamaño en un factor exponencial en cuestión de segundos.

Imagina que el universo pasó de un tamaño de 1 nanómetro, la mitad de la anchura de una molécula de ADN, a medir 10^{17} metros, y todo esto en menos de un abrir y cerrar de ojos.

El ser exponencial significa que el espaciotiempo se multiplicaba constantemente, expandiéndose así sobre sí mismo a velocidades superiores a la de la luz.

El mecanismo detrás de la inflación sigue siendo hipotético, aunque según la cosmología la causa más aceptada va de la mano de una partícula teórica llamada «inflatón». Esta tiene un campo asociado, el *campo del inflatón,* que disponía de una enorme cantidad de energía potencial durante esta era del universo, siendo así capaz de generar un *empuje* y causando la expansión.

A medida que el espaciotiempo se expandía e inevitablemente se enfriaba, la energía del inflatón quedó *congelada* para transformarse en partículas elementales[62] y estables, que posteriormente darían vida y color a todo un universo.

La teoría de la inflación cósmica explica dos propiedades del universo a grandes escalas:

---

62 Partículas pertenecientes al Modelo Estándar, modelo que representa la base de las partículas que constituyen todo lo que conocemos.

- —**Homogeneidad.** Esto implica que, si observamos dos regiones del universo separadas por millones de años luz, sus condiciones de temperatura, densidad y composición son muy similares.
- —**Isotropía.** No importa hacia donde miremos, el universo se ve igual en todas las direcciones, las propiedades generales son las mismas.

Tanto la homogeneidad como la isotropía son difíciles de explicar si no hubiese existido el periodo de inflación. Sin ello, sería improbable que regiones del universo tan alejadas pudieran haber alcanzado temperaturas y composiciones tan similares y uniformes, es decir, la inflación *suavizó* cualquier irregularidad inicial en la distribución de materia y energía, obteniendo un producto homogéneo e isótropo.

Era del universo primigenio (10^{-32} a 1 segundos)

Podríamos decir que en esta etapa el universo deja de ser adolescente y se convierte en adulto, deja atrás el caos energético de las eras previas y comienza a asentar las bases estables para la formación de materias y estructuras complejas.

En este momento, el universo todavía estaba increíblemente caliente y denso, con temperaturas cercanas a 10^{15} Kelvin (cientos de billones de grados Kelvin). Sin embargo, ya era lo suficientemente frío como para que se separara la interacción electrodébil (formada por electromagnetismo y nuclear débil), marcando así la forma definitiva de las cuatro interacciones fundamentales (con las que abríamos el capítulo 5 y que repasamos ahora), que conocemos hoy:

—**Interacción gravitatoria.** Fuerza que rige el universo a grandes escalas, desde cometas hasta galaxias, que se separó al finalizar la era de Planck (10^{-43} segundos).
—**Interacción nuclear fuerte.** Responsable de mantener unidos a los quarks dentro de los protones y los neutrones, es decir, mantiene unidos los núcleos atómicos. Se separó en la era de la gran unificación (10^{-35} segundos).
—**Interacción nuclear débil.** Presente en procesos radiactivos y de desintegración de partículas. Separada en la era del universo primigenio junto con la electromagnética (10^{-32} segundos).
—**Interacción electromagnética.** Controla las interacciones entre partículas con carga eléctrica y es la responsable de la luz y el electromagnetismo.

Tras la inflación cósmica, el universo era una *sopa* caliente y densa de partículas conocidas como quarks y gluones. Los **quarks,** como ya se ha comentado anteriormente, son *ladrillos* de construcción de estructuras más grandes como protones y neutrones, mientras que los **gluones** son las partículas mediadoras de la interacción nuclear fuerte, encargándose de mantener unidos los quarks.

En esta sopa primigenia, claro está, los quarks y los gluones interactuaban de forma caótica debido a la alta energía presente. Además, estaban libres, todavía sin combinarse para dar lugar a neutrones y protones.

Otro aspecto importante es que, mientras el universo se expandía, se enfriaba y se calmaba, surgieron pequeñas fluctuaciones de densidad en la *sopa* de partículas y energía. Estas fluctuaciones, conocidas como *anisotropías,* no eran uniformes, es decir, algunas regiones del universo eran ligeramente más densas que otras. Estos *pequeños pozos* de densidad jugaron un papel importante más adelante para hacer posible la formación de galaxias, estrellas y cúmulos.

Era del universo temprano (1 segundo a 380.000 años)

Desde aproximadamente un segundo después del *big bang* hasta los primeros 380.000 años, el universo comenzó una transformación crítica donde se consolidaron las bases de la estructura cósmica actual. Durante esta era, la temperatura descendió de manera gradual pero significativa.

En sus primeros minutos, la temperatura seguía siendo demasiado alta como para permitir que los protones y los neutrones —que ya habían sido formados en la era anterior— interactuaran y dieran lugar a núcleos atómicos. En este proceso, conocido como «nucleosíntesis primordial», se generaron los primeros núcleos de hidrógeno (formados por un protón) y de helio (formados por dos protones y dos neutrones). La proporción de estos elementos ligeros se corresponde con las observaciones actuales del universo, ya que son los más abundantes, al conseguir así una de las pruebas más sólidas del modelo LCDM.

Un hito importante ocurrió aproximadamente 300.000 años después del inicio de todo. La temperatura del universo descendió hasta unos 3.000 grados Kelvin, siendo así lo suficientemente baja como para que los electrones se unieran a los núcleos atómicos y formaran los primeros átomos. Este proceso, llamado «recombinación», marcó el final de la interacción constante entre fotones y electrones. De esta manera, los fotones consiguieron viajar libremente por el espacio, generando lo que hoy conocemos como radiación cósmica de microondas (CMB).

Sin duda, el proceso que ha experimentado el universo desde su inicio (desde la singularidad inicial hasta ahora) ha sido apasionante. Todos los procesos físicos enumerados en este capítulo no han sido más que coincidencias y condiciones *aleatorias, o tal vez no,* en cadena, que han dado lugar a lo que hoy conocemos como *nuestro hogar.*

El campo de la cosmología es un campo en continuo desarrollo, desde el que se trata de responder a las preguntas más simples y, a la vez, más complejas sobre todo lo que nos rodea.

Por el momento, **quedan muchas incógnitas por resolver y mucha tarea de investigación por hacer para llegar a lo que yo consideraría el culmen humano: entender a la perfección el funcionamiento del cosmos.** ¿Crees que será posible conseguirlo mientras la raza humana persista?

CAPÍTULO 9

Aplicaciones en la vida cotidiana

Fondo Cósmico de Microondas (CMB): la huella del universo temprano

El Fondo Cósmico de Microondas es una radiación electromagnética remanente que llena todo el universo y que fue emitida cuando este tenía una edad aproximada de 380.000 años (era del universo temprano).

En ese momento, el cosmos se había ya enfriado lo suficiente como para que los electrones se unieran a los núcleos atómicos, formando así, principalmente, hidrógeno y helio. Este proceso, la «recombinación», hizo que el universo dejara de ser opaco (o plasma caliente del cual los fotones no podían escapar) para pasar a ser transparente, permitiendo que los fotones viajasen libres por el espacio.

Desde que ocurrió este suceso, los fotones han estado paseando y recorriendo todo el espacio exterior, llevando consigo información sobre su estado primigenio. Originalmente, cuando los fotones pudieron escapar, esta radiación tuvo una temperatura de unos 3.000 grados Kelvin, pero, debido a la expansión acelerada del universo, su longitud de onda se estiró (había perdido energía), desplazándose así hacia la región del microondas perteneciente al espectro electromagnético. A día de hoy, se estima que el Fondo Cósmico de Microondas tiene una temperatura de 2.728 grados Kelvin.

Este remanente de los inicios posee varias características clave que lo convierten en una herramienta indispensable para la cosmología.

Isotropía

El Fondo Cósmico de Microondas es mayoritariamente uniforme. Cuando miramos el cielo en cualquier dirección, la radiación que nos llega tiene, aproximadamente, la misma temperatura promedio (2.728 grados Kelvin). Esto significa que el universo primigenio era extremadamente homogéneo a grandes escalas (es decir, la composición y las propiedades eran casi idénticas en todas partes).

Para entender en profundidad la isotropía, imagina que estás en un campo de fútbol lleno de personas vestidas con la equipación del equipo correspondiente, supongamos que de color verde.

Desde tu perspectiva, mires hacia donde mires, el estadio te parecerá uniforme, como si todos llevasen la misma camiseta. Esto es similar a la *uniformidad* que apreciamos a gran escala del Fondo Cósmico de Microondas.

Sin embargo, si tienes unos prismáticos y comienzas a observar en detalle, serás capaz de notar pequeñas diferencias: algunas personas llevan equipaciones *vintage,* otras, de nueva temporada… Estas variaciones, cuando te fijas en ellas, en el universo indicarían pequeñas diferencias de densidad, representando así las anisotropías del cosmos primigenio que veremos a continuación.

La isotropía consiste en verlo todo igual si se observa a gran escala, y detectar pequeñas diferencias cuando se mira en detalle.

Anisotropías

Corresponden a pequeñas variaciones en la temperatura de la radiación de Fondo Cósmico de Microondas que podemos observar en diferentes partes del cielo. Aunque, como hemos comentado anteriormente, esta radiación es, a gran escala, uniforme (2.728 grados Kelvin), si nos fijamos, apreciaremos pequeñas diferencias en la temperatura, indicando así que hay regiones ligeramente más cálidas o más frías que otras.

Traducidas al universo temprano, **las anisotropías representan pequeñas diferencias en la densidad de la materia y la energía, es decir, pequeños *pozos* que, con el tiempo, formaron galaxias, cúmulos y otras estructuras que observamos hoy.**

Espectro térmico

Esta característica indica que la radiación de Fondo Cósmico de Microondas tiene la misma distribución de energía que un cuerpo negro, objeto ideal que absorbe y emite radiación de manera *perfecta,* dependiendo solo de su temperatura. Al seguir el Fondo Cósmico de Microondas esta distribución nos confirma que proviene de un estado muy caliente y denso del universo primigenio. De lo contrario, su distribución energética nada tendría que ver con la de un cuerpo negro.

El descubrimiento del Fondo Cósmico de Microondas se dio en 1965, sorprendentemente, por accidente. Arno Allan Penzias, astrofísico alemán, y Robert Woodrow Wilson, astrofísico estadounidense, se encontraban probando un nuevo radiotelescopio de los laboratorios Bell cuando, al activarlo, detectaron una señal (ruido) constante, de muy baja energía, que parecía venir de todas partes por igual. Ambos pensaron al instante que se trataba de algún fallo adherido al radiotelescopio, pero, al limpiarlo, reiniciarlo y volver a encenderlo, la señal seguía ahí.

Lo interesante es que esta energía, perteneciente al rango de las microondas, equivalía a la emisión que debería de hacer un cuerpo que abarcase, como mínimo, el cielo entero y tuviese una temperatura apenas por encima del cero absoluto.

Con todas estas características, no quedó más que corroborar lo que ya habían predicho teóricamente en 1948 Gueorgui Gámov, Ralph Alpher y Robert Herman como parte del modelo del *big bang.*

En conclusión, el Fondo Cósmico de Microondas es un *eco de luz* del universo primigenio que actualmente consideramos una herramienta clave para la comprensión del cosmos, acercándonos así a poder conocer en profundidad su origen y su evolución. Es el foco poco energético que nos sigue iluminando.

Wifi: la red de comunicación actual

Por si no lo sabías, lo que te permite ahora usar tu teléfono y tu ordenador para navegar a tu antojo tiene mucho que ver con el Fondo Cósmico de Microondas, y es que su descubrimiento fue crucial para el desarrollo de tecnologías de microondas, un rango del espectro electromagnético clave en las comunicaciones modernas:

1. **Mejorar la sensibilidad de los receptores.** Los radiotelescopios y receptores que se utilizaron para estudiar el Fondo Cósmico de Microondas debían de captar señales muy débiles, lo que llevó al perfeccionamiento de receptores de microondas más precisos y eficientes.
2. **Desarrollar técnicas para minimizar interferencias.** Si apuntas al cielo con un radiotelescopio no va a ser la radiación de Fondo Cósmico de Microondas la única que te llegue. Para percibir solo esta, hay que eliminar el *ruido* de otras fuentes, como pueden ser las climáticas o las emisiones terrestres.
3. **Antenas direccionales.** Gracias a que las antenas de detección de Fondo Cósmico de Microondas estaban dise-

ñadas para captar señales específicas del cielo, el posterior desarrollo de antenas para redes inalámbricas se vio optimizado en cuanto a la transmisión y la recepción de datos.

Conociendo ya la relación e importancia del descubrimiento del Fondo Cósmico de Microondas para el desarrollo de tecnología moderna, pasaremos a entender cómo funciona el wifi.

Hay que tener en cuenta que **el wifi es una tecnología que utiliza ondas de radio y las transmite en el rango de las microondas, transmitiendo datos de forma inalámbrica entre dispositivos.**

Típicamente, esta tecnología opera en bandas de frecuencia de entre 2,4 GHz y 5 GHz. Al pertenecer esta banda al rango microondas, nos encontramos con que este es el rango perfecto para trasmitir datos, ya que las ondas que lo conforman tienen la longitud exacta como para penetrar paredes y obstáculos comunes sin ser totalmente absorbidas. Además, disponen de la energía suficiente para transportar grandes cantidades de información. Así, a más frecuencia, mayor será la reflexión y la absorción de los medios que tenga que superar.

Cuando hablo de wifi seguramente se te venga a la mente el rúter, pero este es conocido como «punto de acceso», pues se encarga de emitir ondas de radio que llevan datos hacia los dispositivos que están conectados a él (móviles, ordenadores, televisiones…). El proceso también se produce a la inversa: los dispositivos envían ondas de vuelta al rúter, estableciendo así una comunicación bidireccional.

Como siguiente paso, los datos se modulan en las ondas de radio. Para que te hagas una idea, las ondas de radio son como *trenes* que pueden llevar información, pero por sí solas no contienen datos significativos. Para que transmitan información útil, es necesario que pasen por el proceso de *modulación,* es decir, cambios en las características como la amplitud, la frecuencia o la fase de las ondas, y generan, así, información codificada.

Esto de la información codificada es como si le quieres mandar un mensaje secreto a tu amiga sin que nadie se entere. Por ejemplo, en vez de «GUAPA», reemplazas cada letra por su posición en el abecedario: G=7, U=22, A=1, P=17, A=1. De esta forma, tu mensaje codificado será 7-22-1-17-1, de manera que solo *las personas que conozcan este criterio (tu amiga)*, sabrán *decodificarlo (resolverlo).*

El canal de la comunicación de nada serviría sin la existencia de receptores. En el wifi ocurre lo mismo: los dispositivos receptores decodifican las señales recibidas, transformándolas en información digital que se puede convertir en texto, vídeo u otro formato.

En resumen, gracias al descubrimiento por *equivocación* del Fondo Cósmico de Microondas, los desarrollos tecnológicos derivados de esta investigación han mejorado considerablemente las comunicaciones inalámbricas como el wifi, conectando así a millones de personas en todo el mundo.

Sistema de posicionamiento global (GPS)

Algunas veces es complicado entender cómo teorías tan complejas en el campo de la física y, sobre todo, contraintuitivas, como la teoría de la relatividad, se aplican en nuestra vida cotidiana. Un ejemplo de ello es el sistema de posicionamiento global o, como ya lo conocemos, GPS.

El complejo sistema de los GPS tiene tres componentes principales. En primer lugar, **una constelación de 31 satélites operativos que se encuentran dando vueltas a la Tierra en órbita terrestre media.** Esto significa que están a unos 20.000 kilómetros de altura. Cada satélite funciona emitiendo continuamente señales de radio con información precisa sobre su posición. En segundo lugar, se encuentran **los receptores, dispositivos en la Tierra, como pueden ser nuestros propios móviles, que reciben estas señales para calcular su propia posición.** En tercer y último lugar, y como parte fundamental, existen **estaciones en la superficie que monitorean los satélites sin cesar para garantizar que las posiciones que envían y los relojes que contienen den datos precisos.**

Básicamente, el principio que sustenta los GPS es el cálculo de distancias. De esta forma, al medir el tiempo que tarda la señal de radio en ir desde los satélites (emisores) hasta el receptor, se puede determinar la distancia exacta de este mediante una triangulación.[63]

---

63 Método para determinar una posición desconocida mediante la medición de distancias o ángulos desde tres puntos conocidos.

El problema de este sistema es que, si no tuviésemos en cuenta los efectos relativistas, llegar al punto de quedada con tus amigas no sería tan fácil, siendo así el GPS prácticamente inservible.

Relatividad especial

Como se comentó en capítulos anteriores, la relatividad especial, relacionada con el movimiento, determina que el tiempo en cuerpos en movimiento avanza más lentamente desde el punto de vista de otro cuerpo en reposo.

En el caso del GPS, los satélites que lo componen viajan a una velocidad de 14.000 km/h, aproximadamente. De esta forma, si comparamos su tiempo con el nuestro desde el reposo en la superficie terrestre, veremos una diferencia de 7 microsegundos al día, es decir, el reloj de un satélite va 7 microsegundos al día más lento que el reloj de tu cuarto.

Relatividad general

En este caso, la relatividad general predice que el tiempo en los cuerpos que se encuentren inmersos en campos gravitatorios fuertes transcurrirá más lento que cuando estén en campos gravitatorios débiles.

Al estar los satélites a gran altura con respecto a nosotros, también están a una gravedad menor que la de la superficie terrestre. De hecho, el reloj de los satélites adelanta en 45 microsegundos al día a los nuestros.

Si combinamos estos dos efectos, producidos tanto por la relatividad especial como por la relatividad general, se concluye un adelanto neto (con respecto a nuestro tiempo) de 38 microsegundos al día.

Este pequeño desfase, aunque pueda sonar insignificante, equivale a un error de posición de 10 kilómetros al día. En una semana, probablemente quisieras ir al cine y terminarías en otra provincia.

Para que esto no suceda y la posición que nos proporciona el GPS sea precisa, los relojes en los satélites se ajustan continuamente mediante algoritmos que incorporan estas correcciones relativistas.

Cronometría y relojes atómicos: midiendo el tiempo

Los sistemas financieros, las operaciones globales y la sincronización de redes de telecomunicaciones están gobernados por relojes atómicos. Además, constituyen un claro ejemplo de cómo la física avanzada (la teoría de la relatividad) impacta en nuestra vida cotidiana.

Un **reloj atómico** mide el tiempo, en vez de con el paso de unas agujas como el reloj de tu casa, utilizando la frecuencia de oscilación de los átomos. Cada tipo de átomo tiene niveles de energía específicos en los que se encuentran los electrones. Al pasar estos de un nivel a otro, absorben (si van de un nivel inferior a uno superior) o emiten (si van de un nivel superior a uno inferior) radiación de una forma muy precisa. Este comportamiento se traduce como un *latido atómico* muy constante que los relojes atómicos pueden contar.

El átomo más utilizado para el funcionamiento de estos relojes es el Cesio-133, que tiene una frecuencia de oscilación extremadamente estable. Los relojes atómicos medirán la radiación emitida durante una transición electrónica específica en el átomo Cesio-133. Esta frecuencia es, exactamente, de 9.192.631.770 ciclos por segundo.

Esto se consigue al colocar los átomos es una cavidad donde son sometidos a radiación microondas, de forma que, cuando las microondas tienen exactamente la misma frecuencia que el átomo, estos absorberán la radiación, provocando que los electrones ganen energía y puedan cambiar de nivel energético (consiguen una transición energética).

Más tarde, un sistema de control ajusta constantemente la frecuencia del oscilador (productor de microondas) hasta que coincide perfectamente con la frecuencia de resonancia del átomo. Cuando esto ocurre, el reloj puede contar los ciclos de esta oscilación natural como unidades de tiempo.

Imagina que estás en un parque empujando un columpio. Si lo haces al ritmo exacto al que el columpio oscila de forma natural, este se moverá con más fuerza porque está en *resonancia* con tu movimiento. De igual forma, los átomos Cesio-133 absorben la radiación de microondas solo cuando las ondas tienen la frecuencia exacta que coincide con su transición natural. Además, en el caso de relojes atómicos, el sistema ajusta las microondas para alcanzar esa resonancia perfecta y así definir un tiempo medido a través de un proceso natural y extremadamente preciso.

Como es de esperar, estos relojes son tan precisos que necesitan tener correcciones relativistas. Por ejemplo, al ser los relojes que llevan inmersos los satélites GPS, y al estar estos a una gran altura y moviéndose rápidamente, deben tener en cuenta una corrección diaria de 38 nanosegundos (como se comentó anteriormente).

Los procesos administrativos, como entregar documentación bancaria o solicitar una beca, requieren de una sincronización extrema entre todos los usuarios (para todos tiene que ser el mismo plazo exacto), y para ello se utilizan estos relojes atómicos.

Un dato curioso es que, en España, el tiempo se mide en el Real Instituto y Observatorio de la Armada (ROA), que se encuentra en San Fernando, Cádiz. Sus relojes contribuyen al cálculo del Tiempo Universal Coordinado (UTC) y no solo aseguran la precisión del país, sino que también son referentes internacionales en cronología.

Reactores nucleares y $E = mc^2$: del átomo a la energía

La famosa ecuación de Einstein, que mencionamos en capítulos anteriores, describe cómo una pequeña cantidad de masa puede convertirse en una gran cantidad de energía.

En un reactor nuclear, la energía se libera mediante un proceso conocido como «fisión nuclear». En este proceso, un átomo pesado (fisionable), al ser bombardeado por un neutrón, se fragmenta en dos núcleos más pequeños (isótopos).

Esta reacción libera gran cantidad de energía: si consigues fisionar todos los núcleos que forman 1 kilogramo de uranio-235, obtendrías la misma energía que en la combustión de 3 millones de kilogramos de carbón convencional.

Lo más interesante es que los dos fragmentos resultantes de la fisión de un núcleo tendrán ligeramente menos masa que el núcleo original. Intuitivamente, si el núcleo fisionable tiene una masa de 1 unidad, los fragmentos deben ser, idealmente, de 0,5 unidades cada uno. Sin embargo, lo que ocurre aquí es que una parte de la masa del núcleo inicial se convierte en energía mediante la ecuación de $E = mc^2$, haciendo así que exista una diferencia entre la masa inicial (núcleo fisionable) y la masa de los productos (fragmentos).

Esta energía que surge con la pérdida de masa del núcleo fisionable se transforma exactamente en:

— **Energía cinética.** Los fragmentos resultantes se mueven a velocidades muy altas.
— **Neutrones liberados.** Los responsables de que se puedan generar reacciones en cadena.
— **Radiación gamma.** Energía en forma de luz de alta frecuencia (la más energética del espectro electromagnético).

Esencialmente, la física nuclear nos demuestra que, en realidad, la masa y la energía son distintas representaciones de una misma cosa.

Ondas gravitacionales: el eco del universo

Las ondas gravitacionales son el claro ejemplo de la unión entre la teoría de la relatividad general y la cosmología. Fueron detectadas por primera vez en 2015 por los experimentos LIGO (Laser Interferometer Gravitational-Wave Observatory), dos observatorios de ondas gravitacionales constituidos por interferómetros láser situados en Hanford Site (Washington) y Livingston (Luisiana), y han transformado por completo la forma en la que entendemos el cosmos.

Las ondas gravitacionales son perturbaciones en el tejido espaciotemporal que se propagan por el propio espacio a la velocidad de la luz. Se producen cuando objetos muy masivos, como estrellas de neutrones o agujeros negros, experimentan aceleraciones extremas.

Para que te puedas hacer una idea, piensa en un estanque calmado de agua. Si suponemos que el agua es el tejido espaciotiempo, al tirar una piedra al estanque podremos ver cómo se crean pequeñas *olas,* perturbaciones que van propagándose a lo largo de este. Esa piedra que tiramos sería la aceleración drástica de un objeto muy masivo en el universo, y las pequeñas *olas,* las ondas gravitacionales.

Fueron predichas teóricamente por Albert Einstein en 1915 como parte de su teoría de la relatividad general, pero no fue hasta 2015 que pudimos obtener evidencia experimental de ellas, debido a su débil efecto.

El 14 de septiembre de 2015, LIGO detecta por primera vez unas perturbaciones muy débiles que terminan siendo ondas gravitacionales procedentes de la fusión de dos agujeros negros de, aproximadamente, 36 y 39 masas solares. Este evento sucedió a más de 1.300 millones de años luz de la Tierra, pero las perturbaciones (ondas gravitacionales) que produjo llegaron a nosotros, concretamente a LIGO, pudiendo ser detectadas como una pequeña contracción y posterior expansión del espaciotiempo.

Sin duda, LIGO es uno de los instrumentos más precisos

jamás construidos por la humanidad: sería como medir la distancia entre la Tierra y la estrella más cercana, Próxima Centauri, a 40 billones de kilómetros, con una precisión del ancho de un cabello (0,1 milímetro).

Su funcionamiento se basa en la utilización de **interferómetros láser.** Estos instrumentos constan de dos brazos perpendiculares de 4 kilómetros de largo por los que viajan haces de láser que terminan siendo reflejados en un espejo. Ahora bien, cuando una onda gravitacional pasa por la Tierra, el tejido espaciotemporal se *deforma* ligeramente, lo que producirá que la distancia que recorren los haces también lo haga, generándose así interferencias en los patrones que se detectan. Las alteraciones son del orden de una diezmilésima parte del diámetro de un protón, muy pequeñas, confirmando así la sensibilidad del experimento.

El estudio de estas obras maestras del universo ha permitido que la comunidad científica experimente con otros sentidos (ya no todo va a la vista), permitiendo estudiar en profundidad eventos que no emiten luz, como la fusión de agujeros negros.

También la investigación ha servido para confirmar que la teoría de la relatividad general parece correcta, siendo las ondas gravitacionales mismas una predicción de esta teoría.

Por último, **las ondas gravitacionales pueden revelar información sobre el universo temprano, una a la etapa que, desde el sentido de la vista (observación), es imposible acceder.**

Agradecimientos

A mi madre, mi hermano y mis abuelos, que siempre me han apoyado; mi entorno más cercano, que siempre ha sabido respetar mis tiempos y no juzgarme. Al equipo completo de Planeta, en especial a Andrea, por seguir este proceso como si del libro de su amiga se tratara. A Pablo, por cuidar a este bebé tanto como yo y por ser una referencia para mí. A Carlos, profesor de Ciencias que tuve en primaria y que se convirtió en la primera persona en enseñarme Saturno por un telescopio, además de facilitarme revistas de ciencia. A Cristina, profesora de Física en mi instituto que se volcó completamente conmigo y con el progreso de mis conocimientos, además de representar mi primer referente femenino cercano en la ciencia. A Cristóbal, además de profesor, una de las personas más maravillosas que he conocido: gracias a él decidí entrar en la amplitud de la física. A Isaac, mi profesor de Química en el instituto, que decidió dedicarme su tiempo y sus conocimientos para lograr una mejor versión de mí. Y, para terminar, a todas las mujeres científicas, algunas actuales, otras no, que han conseguido iluminar siempre mi camino: Vera Rubin, Jocelyn Bell, Lise Meitner, Andrea Ghez, Cecilia Payne y Tere Paneque.

Lecturas recomendadas

ASIMOV, I. (2012): *El Universo*. Alianza editorial: Madrid.

GREENE, B. (2016): *La realidad oculta*. Crítica: Barcelona.

HAWKING, S. (2018): *Breves respuestas a las grandes preguntas*. Crítica: Barcelona.

— (2025): *Historia del tiempo*. Crítica: Barcelona.

KAKU, M. (2016): *Hiperespacio*. Crítica: Barcelona.

LEVIN, J. (2021): *El blues de los agujeros negros y otras canciones del espacio exterior*. Capitán Swing: Madrid.

— (2023): *How the Universe Got Its Spots*. Princeton University Press: Nueva Jersey, Estados Unidos.

PENROSE, R. (2011): *Ciclos del tiempo*. Debolsillo: Barcelona.

RANDALL, L. (2011): *Universos ocultos*. Acantilado: Barcelona.

SAGAN, C. (2004): *Cosmos*. Planeta: Barcelona.

THORNE, K. S. (2010): *Agujeros negros y tiempo curvo*. Crítica: Barcelona.